SW 정보영재 영재성 검사

창의적 문제해결력 모의고사

초등 5~중등 1학년

SW 정보영재 영재성 검사

창의적 문제해결력 모의고사

안쌤 영재교육연구소

안쌤 영재교육연구소 학습 자료실
샘플 강의와 정오표 등 여러 가지 학습 자료를 확인하세요.

이 책을 펴내며

정보 분야를 공부하는 새로운 방법

우리는 인공지능, 사물인터넷, 빅데이터, 자율주행자동차, 가상현실, 드론 등 첨단 기술과 데이터가 넘쳐나는 시대에 살고 있습니다. 이러한 정보통신기술이 사회 전반에 융합되어 이전에는 겪어보지 못한 변화가 나타나는 시대를 4차 산업혁명 시대라 부릅니다.

컴퓨터는 인간의 생활을 편리하게 만들어 주었고, 스마트폰은 우리 일상에서 뗄 수 없는 필수 요소가 되었습니다. 이와 같은 장치와 기술을 잘 사용하고, 이들의 원리를 파악하고, 더 나아가 직접 프로그램과 장치를 만들 수 있는 학생이라면 4차 산업혁명 시대를 이끌어 나갈 수 있는 정보영재라 할 수 있을 것입니다.

창의성과 이산수학, 컴퓨팅 사고력 등 이 교재에서 다루는 내용은 대학부설 영재교육원이나 교육청 영재교육원의 정보, 소프트웨어(SW), 로봇영재 선발과 소프트웨어 사고력 올림피아드, 정보 올림피아드와 같은 대회에서 평가되는 부분입니다. C언어나 자바와 같은 프로그래밍 언어를 몰라도 충분히 도전해 볼 수 있으며, 새로운 시대를 살아갈 학생들이 반드시 알아야 할 내용이기도 합니다. 「SW 정보영재 영재성검사 창의적 문제해결력 모의고사」는 정보 관련 영재교육원이나 대회를 대비하는 가장 효과적인 방법이 될 것입니다.

「SW 정보영재 영재성검사 창의적 문제해결력 모의고사」는 기존에 없던 새로운 교재이며, 누구나 쉽고 재미있게 정보 분야를 공부할 수 있는 교재입니다. 정보, 소프트웨어, 로봇과 같은 새로운 분야에 관심을 가지고 도전하는 학생들의 용기에 이 교재가 도움이 되었으면 합니다.

안쌤영재교육연구소 이상호(수달쌤)

4차 산업혁명 시대에 살고 있는 우리의 현실을 생각할 때 정보 영재교육원은 수학 · 과학 영재교육원에 못지 않은 역사를 가지고 있으나 아직까지 제대로 된 영재교육원 준비 교재가 한 권도 출시되지 않았다는 사실에 아쉬운 점이 많았다. 여전히 수학, 과학에 비해서 학생과 학부모님들의 관심을 덜 받고 있기 때문이라는 생각이 든다.

이 책이 정보 영재교육원을 준비하는 학생들에게 어떤 준비를 해야 하는지 이정표가 되고, 더 많은 학생들이 정보 영재교육원 시험에 도전해 볼 수 있는 계기가 될 수 있기를 기대해 본다.

행복한 영재들의 놀이터 원장 정영철

이 책의 구성과 특징

본책 ▶ 문제편

SW 정보영재 영재성검사 창의적 문제해결력 모의고사 4회분 수록!

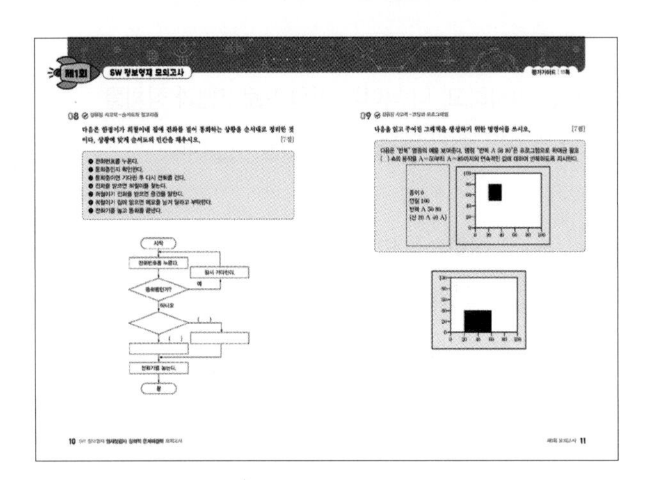

초등 5~중등 1학년 정보 · 로봇 분야 영재성검사 창의적 문제해결력 평가의 최신 출제 경향을 파악하여 모의고사 4회분을 수록했습니다.
창의성, 이산수학, 컴퓨팅 사고력, 융합 사고력을 평가할 수 있는 문항으로 구성된 모의고사를 풀어 보면서 실전 감각을 익혀 보세요!

책 속의 책 ▶ 해설편

평가가이드 문항 구성 및 채점표

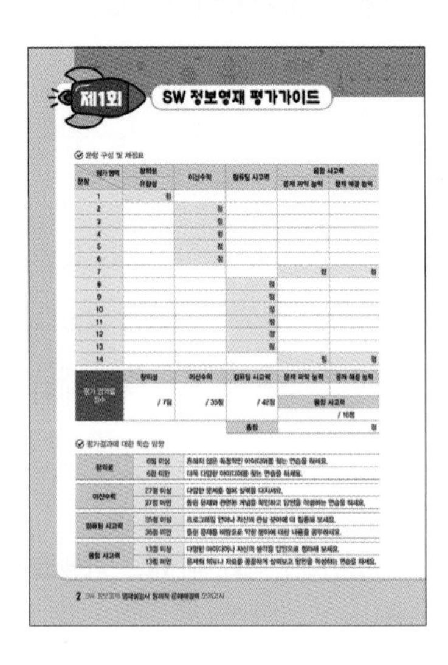

평가영역을 창의성, 이산수학, 컴퓨팅 사고력, 융합 사고력으로 나눈 문항 구성 및 채점표를 통해 자신의 위치를 점검할 수 있습니다. 평가결과에 대한 학습 방향을 제시하여 자신의 부족한 점을 개선해 보세요!

정답&해설 및 채점기준

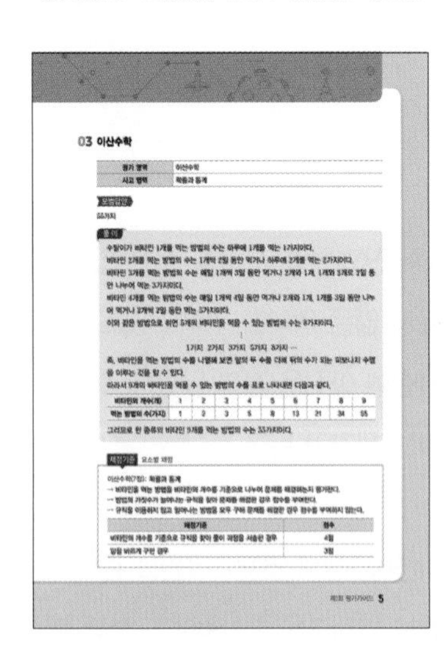

문제에 대한 모범답안, 예시답안, 풀이 과정, 해설 및 채점기준을 알기 쉽고 자세하게 수록했습니다. 자신의 답과 선생님의 답안을 비교해 보세요!

정보영재 / 로봇영재
영재성검사 창의적 문제해결력 평가란?

소프트웨어(SW), 정보영재, 로봇영재를 선발하는 방법으로 영재성검사나 창의적 문제해결력 검사가 진행된다. 주요 평가 내용은 창의성, 이산수학 사고력, 컴퓨팅 사고력을 기본으로 한다. 이산수학 사고력은 교과 내용과 관련성이 높지 않은 내용은 출제되지 않는다. 또한, 컴퓨팅 사고력에서 프로그래밍 언어나 코딩과 같이 교과 과정에서 다루지 않는 내용은 출제되지 않는다.

정보영재 / 로봇영재 영재성검사 창의적 문제해결력 평가

창의성	수학적 사고력	컴퓨팅 사고력
유창성	경우의 수	순서도
독창성	확률	알고리즘
⋮	통계	프로그래밍
	경로	하드웨어
	그래프	소프트웨어
	규칙	자료
	논리	데이터
	⋮	분류
		보안
		정보윤리
		⋮

대학부설 영재교육원

SW, 정보영재, 로봇영재 선발 현황

(2023년 선발 기준)

지역	교육기관	분야	지원학년	선발인원
서울	서울대학교 과학영재교육원	수리정보	초6, 중1	20명
서울	서울교육대학교 과학영재교육원	정보심화	초4, 5	20명
서울	서울교육대학교 과학영재교육원	수학정보심화	초6	20명
서울	서울교육대학교 소프트웨어 영재교육원	기본, 심화	초3~중1	180명 이내
경기	동국대학교 과학영재교육원	다빈치	초6, 중1	12명
경기	아주대학교 과학영재교육원	정보융합	초5, 6	30명
경기	경인교육대학교 과학영재교육원	SW · AI	초5	25명
강원	강릉원주대학교 과학영재교육원	인공지능	초3, 4, 5	20명
대구	경북대학교 정보영재교육원	기초, 심화	초6, 중1	40명
대구	대구대학교 정보영재교육원	기초	초4~중3	30명
경북	안동대학교 과학영재교육원	소프트웨어	초5	10명
대전	충남대학교 과학영재교육원	중등 정보	초6, 중1	20명
대전, 충남, 세종	공주대학교 과학영재교육원	소프트웨어반	초5	16명
세종	한국교원대학교 영재교육원	정보 AI	중1~3	30명
전북	전북대학교 과학영재교육원	정보	초6, 중1	15명
전북	전주교육대학교 영재교육원	소프트웨어 · 인공지능	초4, 5	17명
광주	광주교육대학교 과학영재교육원	로봇사이언스	초2, 3, 4, 5	70명
광주	광주교육대학교 과학영재교육원	SW · AI · 코딩	초3, 4, 5	50명
전남	순천대학교 과학영재교육원	IT융합	초6, 중1	10명
전남	목포대학교 과학영재교육원	과학 · ICT	초5	48명
부산	부산대학교 과학영재교육원	IT · 수학융합	초6, 중1	20명
부산	인제대학교 과학영재교육원	정보과학	초6, 중1	10명
울산	울산대학교 과학영재교육원	융합정보과학	초6, 중1	15명
경남	경상대학교 과학영재교육원	정보	초5, 6, 중1	27명
경남	창원대학교 과학영재교육원	정보	초4~중1	34명
제주	제주대학교 과학영재교육원	컴퓨팅정보융합	초5~중2	32명

※ 2023학년도 선발 자료를 바탕으로 했으므로 2024학년도 모집요강을 반드시 확인하시기 바랍니다.

교육청이나 융합과학교육원, 교육정보원, 영재학급 등에서도 SW, 정보영재, 로봇영재 교육과정이 진행되고 있습니다.
반드시 해당 교육원 모집요강을 확인하시기 바랍니다.

정보영재 / 로봇영재 관련 경시대회

☑ SW 사고력 올림피아드 소개

소프트웨어 사고력이란?

문제 해결이 요구되는 실제적인 내용에 대해 소프트웨어적 접근을 통해 정보요소를 발견하고, 이를 비판적이고 분석적으로 이해하여 적절한 절차를 통해 새롭게 조합하여 창의적인 결과물로 표현하는 능력을 일컫습니다.
이는 초 · 중등 학생들에게는 보다 쉽게 소프트웨어 교육을 접근할 수 있는 역량입니다.

★ 참가 대상

소프트웨어 사고력에 관심이 있는 초등학교 3학년~중학교 3학년

★ 문항 출제 유형 및 형식

대상	문항 수	유형	시험시간
초등 3~4학년	3~4문항	서술형	13:00~13:50(50분)
초등 5~6학년	4~5문항	서술형	15:00~16:00(60분)
중등 1~3학년	5~6문항	서술형	17:00~18:10(70분)

☑ 정보 올림피아드 소개

대회 목적과 의의

초 · 중 · 고등학생이 참가하는 컴퓨터 프로그래밍 대회입니다. 2018년까지는 과학기술정보통신부에서 주최했지만, 2019년부터는 한국정보과학회에서 주최 및 주관을 하고 있습니다.
수학적 지식과 논리적 사고능력을 필요로 하는 알고리즘과 자료구조를 적절히 사용하여 프로그램 작성 능력을 평가하는 것으로, 시 · 도별 지역대회를 거쳐 입상한 학생이 전국대회에 출전하게 됩니다.

★ 참가 대상

1차: 초 · 중 · 고등학교 재학생 또는 이에 준하는 재 / 비재학생 또는 외국인학교 재학생의 경우 초 · 중 · 고등학생의 나이면 해당 부문 응시 가능
2차: 1차 대회 동상 이상 수상자

★ 문항 출제 유형 및 형식

유형		문항 수	형식
1차	이산수학	10~15문항	객관식 5지 선다형
	컴퓨팅 사고력	8~10문항	객관식 5지 선다형(비버챌린지 유형의 문항)
	실기문제	2문항	C11, C++17, PyPy3, Java 11을 활용해 특정 결과가 출력되도록 프로그래밍
2차	실기문제	4문항	C/C++, Python, Java를 활용해 특정 결과가 출력되도록 프로그래밍

영재교육원에 대해 궁금해 하는 Q&A

영재교육원 대비로 가장 많이 문의하는 궁금증 리스트와 안쌤의 속~ 시원한 답변 시리즈

No.1 안쌤이 생각하는 대학부설 영재교육원과 교육청 영재교육원의 차이점

Q 어느 영재교육원이 더 좋나요?

A 대학부설 영재교육원이 대부분 더 좋다고 할 수 있습니다. 대학부설 영재교육원은 교수님의 주관으로 진행되고, 교육청 영재교육원은 영재 담당 선생님이 진행합니다. 교육청 영재교육원은 기본 과정, 대학부설 영재교육원은 심화 과정과 사사 과정을 담당합니다.

Q 어느 영재교육원이 들어가기 어렵나요?

A 대학부설 영재교육원이 합격하기 더 어렵습니다. 보통 대학부설 영재교육원은 9~11월, 교육청 영재교육원은 11~12월에 선발합니다. 먼저 선발하는 대학부설 영재교육원에 대부분의 학생들이 지원하고 상대평가로 합격이 결정되므로 경쟁률이 높고 합격하기 어렵습니다.

Q 선발 방법은 어떻게 다른가요?

A

대학부설 영재교육원은 대학마다 다양한 유형으로 진행이 됩니다.	교육청 영재교육원은 지역마다 다양한 유형으로 진행이 됩니다.
1단계 서류 전형으로 자기소개서, 영재성 입증자료 2단계 지필평가 (창의적 문제해결력 평가(검사), 영재성판별검사, 창의력검사 등) 3단계 심층면접(캠프전형, 토론면접 등) ※ 지원하고자 하는 대학부설 영재교육원 모집요강을 꼭 확인해 주세요.	GED 지원단계 자기보고서 포함 여부 1단계 지필평가 (창의적 문제해결력 평가(검사), 영재성검사 등) 2단계 면접 평가(심층면접, 토론면접 등) ※ 지원하고자 하는 교육청 영재교육원 모집요강을 꼭 확인해 주세요.

No.2 교재 선택의 기준

Q 현재 4학년이면 어떤 교재를 봐야 하나요?

A 교육청 영재교육원은 선행 문제를 낼 수 없기 때문에 현재 학년에 맞는 교재를 선택하시면 됩니다.

Q 현재 6학년인데, 중등 영재교육원에 지원합니다. 중등 선행을 해야 하나요?

A 현재 6학년이면 6학년과 관련된 문제가 출제됩니다. 중등 영재교육원이라 하는 이유는 올해 합격하면 내년에 중학교 1학년이 되어 영재교육원을 다니기 때문입니다.

Q 대학부설 영재교육원은 수준이 다른가요?

A 대학부설 영재교육원은 대학마다 다르지만 1~2개 학년을 더 공부하는 것이 유리합니다.

No.3 지필평가 유형 안내

Q 영재성검사와 창의적 문제해결력 검사는 어떻게 다른가요?

과거

영재성 검사	+	학문적성 검사	=	창의적 문제해결력 검사
언어 창의성 수학 창의성 수학 사고력 과학 창의성 과학 사고력		수학 사고력 과학 사고력 창의 사고력		수학 창의성 수학 사고력 과학 창의성 과학 사고력 융합 사고력

현재

영재성 검사	창의적 문제해결력 검사
일반 창의성 수학 창의성 수학 사고력 과학 창의성 과학 사고력	수학 창의성 수학 사고력 과학 창의성 과학 사고력 융합 사고력

지역마다 실시하는 시험이 다릅니다.
서울: 창의적 문제해결력 검사
부산: 창의적 문제해결력 검사(영재성검사+학문적성검사)
대구: 창의적 문제해결력 검사
대전+경남+울산: 영재성검사, 창의적 문제해결력 검사

No.4 영재교육원 대비 파이널 공부 방법

Step1 자기인식

자가 채점으로 현재 자신의 실력을 확인해 주세요. 남은 기간 동안 효율적으로 준비하기 위해서는 현재 자신의 실력을 확인해야 합니다. 기간이 많이 남지 않았다면 빨리 지필평가에 맞는 교재를 준비해 주세요.

Step2 답안 작성 연습

지필평가 대비로 가장 중요한 부분은 답안 작성 연습입니다. 모든 문제가 서술형이라서 아무리 많이 알고 있고, 답을 알더라도 답안을 제대로 작성하지 않으면 점수를 잘 받을 수 없습니다. 꼭 답안 쓰는 연습을 해 주세요. 자가 채점이 많은 도움이 됩니다.

안쌤이 생각하는 영재교육원 대비 전략

1. 학교 생활 관리: 담임교사 추천, 학교장 추천을 받기 위한 기본적인 관리

- 교내 각종 대회 대비 및 창의적 체험활동(www.neis.go.kr) 관리
- 독서 이력 관리: 교육부 독서교육종합지원시스템 운영

2. 흥미 유발과 사고력 향상: 학습에 대한 흥미와 관심을 유발

- 퍼즐 형태의 문제로 흥미와 관심 유발
- 문제를 해결하는 과정에서 집중력과 두뇌 회전력, 사고력 향상

▲ 안쌤의 사고력 수학 퍼즐 시리즈 (총 14종)

3. 교과 선행: 학생의 학습 속도에 맞춰 진행

- '교과 개념 교재 ➞ 심화 교재'의 순서로 진행
- 현행에 머물러 있는 것보다 학생의 학습 속도에 맞는 선행 추천

4. 수학, 과학 과목별 학습

- 수학, 과학의 개념을 이해할 수 있는 문제해결

▲ 안쌤의 창의사고력 수학 실전편 시리즈
(초급, 중급, 고급)

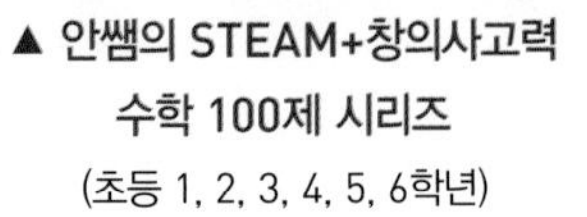

▲ 안쌤의 STEAM+창의사고력
수학 100제 시리즈
(초등 1, 2, 3, 4, 5, 6학년)

▲ 안쌤의 STEAM+창의사고력
과학 100제 시리즈
(초등 1~2, 3~4, 5~6학년)

5. 융합 사고력 향상

• 융합 사고력을 향상시킬 수 있는 문제해결

◀ 안쌤의 수 · 과학 융합 특강

6. 지원 가능한 영재교육원 모집 요강 확인

• 지원 가능한 영재교육원 모집 요강을 확인하고 지원 분야와 전형 일정 확인
• 지역마다 학년별 지원 분야가 다를 수 있음

7. 지필평가 대비

• 평가 유형에 맞는 교재 선택과 서술형 답안 작성 연습 필수

▲ 영재성검사 창의적 문제해결력 모의고사 시리즈
(초등 3~4, 5~6, 중등 1~2학년)

▲ SW 정보영재 영재성검사 창의적 문제해결력 모의고사 시리즈
(초등 3~4, 초등 5~중등 1학년)

8. 탐구보고서 대비

• 탐구보고서 제출 영재교육원 대비

◀ 안쌤의 신박한 과학 탐구보고서

9. 면접 기출문제로 연습 필수

• 면접 기출문제와 예상문제에 자신 만의 답변을 글로 정리하고, 말로 표현하는 연습 필수

◀ 안쌤과 함께하는 영재교육원 면접 특강

이 책의 차례

본책 문제편

책 속의 책 해설편

제1회

초등학교 학년 반 번

성명		지원분야	

- 시험 시간은 총 90분입니다. 시간을 반드시 지켜주세요.
- 문제가 1번부터 14번까지 있는지 확인하세요.
- 문제지에 학교, 학년, 반, 번호, 성명, 지원분야를 쓰세요.
- 필기구 외에는 계산기 등을 일체 사용할 수 없습니다.

SW 정보영재 모의고사

01 일반 창의성

다음은 바이오 디젤에 대한 설명이다.

바이오 디젤(biodiesel)은 석유에서 추출한 경유를 대신하여 식물성 기름이나 동물성 지방과 같이 재생 가능한 자원을 바탕으로 만든 연료이다. 바이오 디젤은 경유와 매우 비슷한 연소 특성을 가지기 때문에 현재 사용되는 경유의 대부분을 대체할 수 있다.
따라서 바이오 디젤은 현재 사용하고 있는 연료를 대체할 수 있고, 기존의 시설을 통해 운반 · 판매가 가능하기 때문에 가장 중요한 교통 에너지 자원인 화석 연료의 유력한 대안으로 꼽히고 있다.

바이오 디젤의 사용이 인간 생활에 미칠 수 있는 영향을 5가지 서술하시오. [7점]

02 이산수학-확률과 통계

상자 안에 모양과 크기가 같은 구슬 41개가 들어 있다. 이 중 10개의 구슬은 빨간색, 9개의 구슬은 파란색, 8개의 구슬은 노란색, 7개의 구슬은 초록색, 7개의 구슬은 흰색이다. 상자 안을 보지 않고 같은 색 구슬을 반드시 9개 이상 꺼내려면 적어도 몇 개의 구슬을 꺼내야 하는지 구하고, 풀이 과정을 서술하시오. [7점]

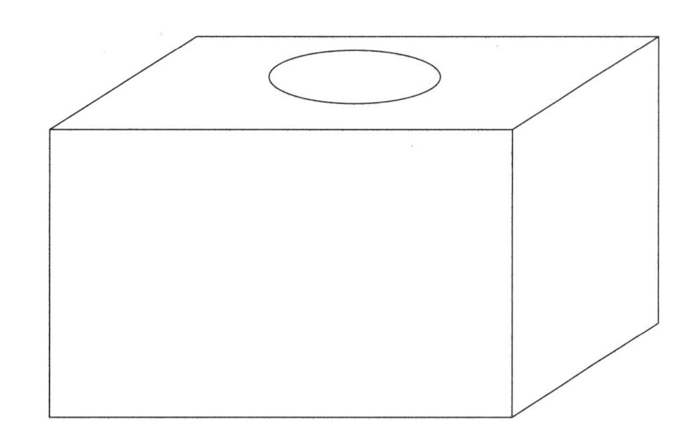

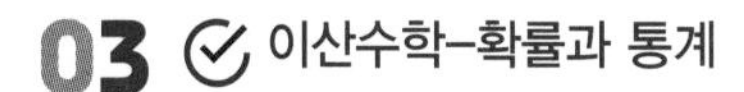

다음은 비타민에 대한 설명이다.

비타민은 적은 양으로 신체 기능을 조절하는 물질로, 신체에서 스스로 만들어지지 않기 때문에 음식이나 약과 같은 형태로 섭취해 주어야 한다. 비타민은 탄수화물, 지방, 단백질과 같은 영양소와는 달리 에너지를 만들지 못하지만, 부족하면 우리 몸속의 여러 활동에 문제가 생기게 된다. 비타민은 물에 녹는 수용성 비타민과 기름과 같은 유기용매에 녹는 지용성 비타민으로 나눌 수 있다.

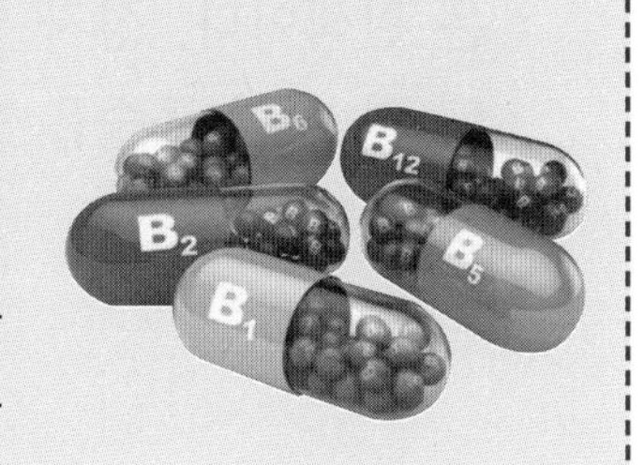

수달이는 건강을 위해 하루에 한 개 또는 두 개의 비타민을 먹으려고 한다. 수달이가 한 종류의 비타민 9개를 먹는 방법은 모두 몇 가지인지 구하고, 풀이 과정을 서술하시오. [7점]

04 이산수학-효율적인 경로와 그래프

다음 그림과 같은 모양의 길이 있다. 점 A에서 점 B를 거쳐 점 C까지 갈 수 있는 가장 짧은 경로는 몇 가지인지 구하시오. [7점]

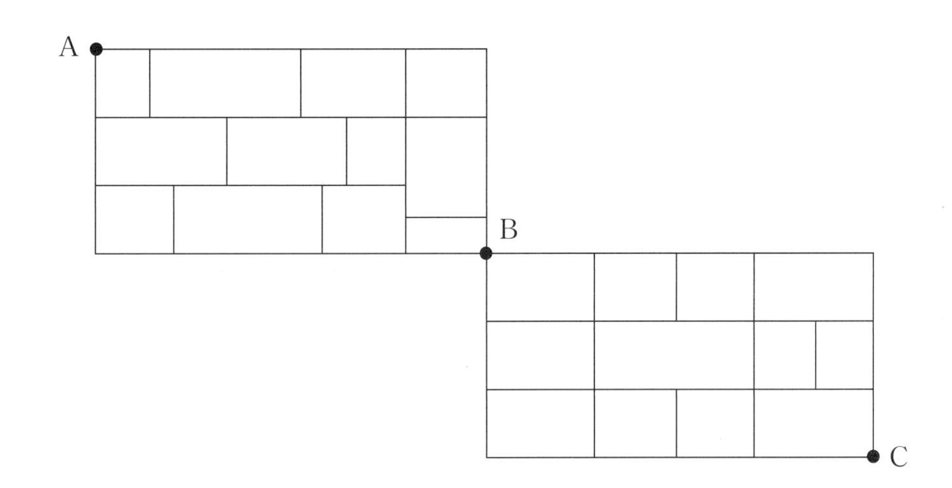

05 이산수학 - 규칙성

1부터 시작하는 자연수에서 다음과 같이 2의 배수와 3의 배수를 지우기로 했다. 다음과 같은 방법으로 지우고 남은 수 중에서 333번째 수는 무엇인지 구하고, 풀이 과정을 서술하시오. [7점]

1, ~~2~~, ~~3~~, ~~4~~, 5, ~~6~~, 7, ~~8~~, ~~9~~, ~~10~~, 11, …

06 이산수학–논리

A, B, C 세 사람은 10문제의 쪽지 시험을 보았다. 쪽지 시험은 ○ 또는 × 중에서 하나를 답으로 고르는 것으로, 반드시 둘 중 하나가 정답이다. 다음과 같은 답안지를 채점한 결과 모두 7문제씩 맞혔을 때, B가 틀린 문제는 몇 번인지 구하고, 그 풀이 과정을 서술하시오. [7점]

	1번	2번	3번	4번	5번	6번	7번	8번	9번	10번
A의 답안지	×	○	○	○	×	○	×	×	○	×
B의 답안지	×	×	○	○	○	×	○	○	×	×
C의 답안지	○	×	○	×	○	○	○	×	○	○

07 융합 사고력

다음을 읽고 물음에 답하시오.

국내 한 대학의 환경공해 연구보고서에 따르면 서울의 경우 미세먼지로 인해 월평균 1179명의 시민이 초과 사망하는 것으로 추정되었다. 1년 단위로 계산하면 1만4000명이 넘는 시민의 수명이 단축되고 있다는 것이다. 미세먼지 오염도가 120㎍/㎥(마이크로그램 퍼 세제곱미터) 이상이면 주의보가 발령되고, 미세먼지 오염도가 162㎍/㎥인 실외에서 한 시간 동안 산책하면 밀폐된 공간에서 담배 한 개비의 연기를 1시간 24분 동안 들이마시는 것과 같다는 연구 결과도 있다.

(1) 1시간 24분은 몇 시간인지 소수로 나타내시오. [3점]

(2) 미세먼지로 인해 많은 사람들의 수명이 단축되고 있다. 미세먼지로 인한 피해를 줄일 수 있는 방법을 10가지 서술하시오. [5점]

08 컴퓨팅 사고력 – 순서도와 알고리즘

다음은 한경이가 희철이네 집에 전화를 걸어 통화하는 상황을 순서대로 정리한 것이다. 상황에 맞게 순서도의 빈칸을 채우시오. [7점]

❶ 전화번호를 누른다.
❷ 통화중인지 확인한다.
❸ 통화중이면 기다린 후 다시 전화를 건다.
❹ 전화를 받으면 희철이를 찾는다.
❺ 희철이가 전화를 받으면 용건을 말한다.
❻ 희철이가 집에 없으면 메모를 남겨 달라고 부탁한다.
❼ 전화기를 놓고 통화를 끝낸다.

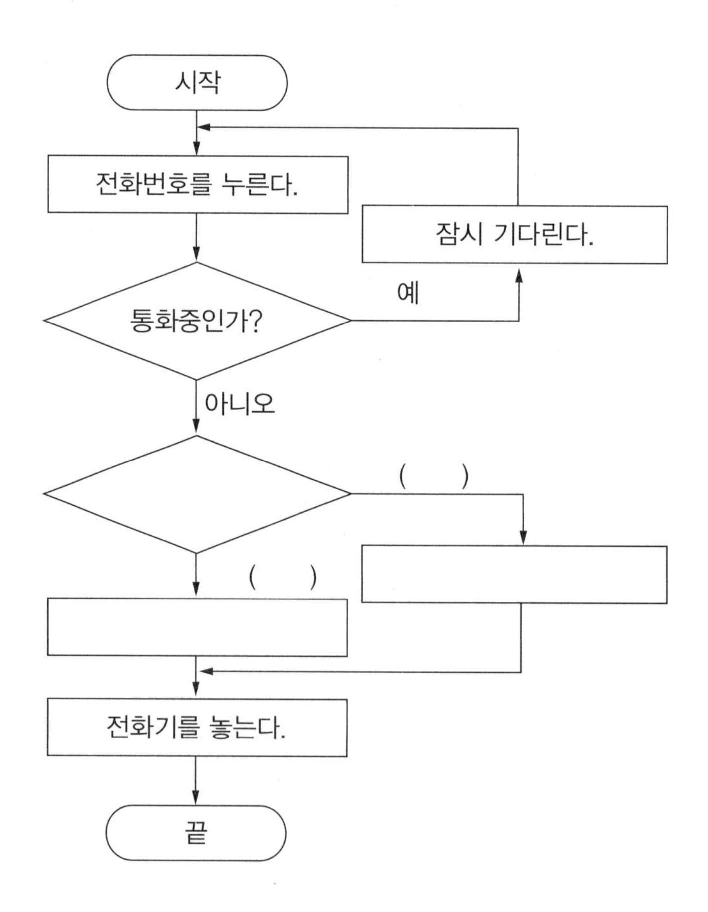

09 컴퓨팅 사고력 - 코딩과 프로그래밍

다음을 읽고 주어진 그래픽을 생성하기 위한 명령어를 쓰시오. [7점]

다음은 “반복” 명령의 예를 보여준다. 명령 “반복 A 50 80”은 프로그램으로 하여금 괄호 { } 속의 동작을 A=50부터 A=80까지의 연속적인 값에 대하여 반복하도록 지시한다.

```
종이 0
연필 100
반복 A 50 80
{선 20 A 40 A}
```

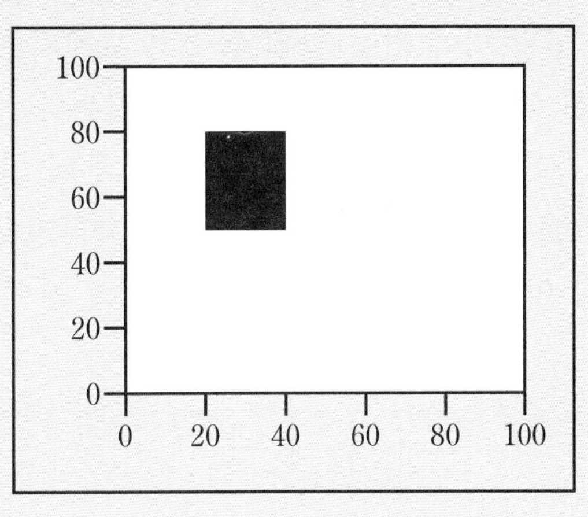

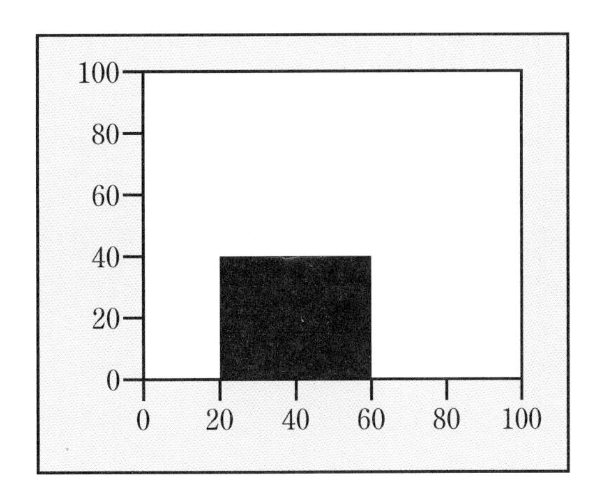

10 컴퓨팅 사고력 - 코딩과 프로그래밍

다음 그림과 같이 투명 띠를 27개의 정사각형으로 나누어 1에서 27까지 적었다. 이 투명 띠를 3등분하여 왼쪽에 있는 것을 A, 가운데에 있는 것을 B, 오른쪽에 있는 것을 C로 구분하였다. A를 B의 투명 띠에 칸을 맞춰 완전히 포개지도록 접는다.(1이 적힌 정사각형 칸이 18이 적힌 정사각형 칸 위로 겹치게 접는다.) 다시 C를 A의 투명 띠에 칸을 맞춰 완전히 포개지도록 접는다.(27이 적힌 정사각형 칸이 9가 적힌 정사각형 칸 위로 겹치게 접는다.) 이와 같은 방법으로 계속 3등분하여 왼쪽과 오른쪽의 투명 띠를 가운데의 투명 띠에 순서대로 포개지도록 접어 정사각형 한 개로 만들었다. 이때 포개진 정사각형에서 가장 위에 있는 수와 가운데 있는 수, 가장 아래에 있는 수를 각각 구하고, 풀이 과정을 서술하시오. [7점]

1	2	3	4	5	…	23	24	25	26	27

→ ?

• 가장 위에 있는 수

• 가운데 있는 수

• 가장 아래에 있는 수

11 컴퓨팅 사고력 - 하드웨어와 소프트웨어

다음은 미 항공우주국(NASA)에서 만든 화성 탐사 로봇 '큐리오시티(Curiosity)'에 대한 설명이다.

화성 탐사 로봇 '큐리오시티'는 화성 표면을 탐사하며 생명체 존재를 확인하는 목적을 가지고 제작되었다. 생명체의 증거가 되는 다양한 물질을 탐지할 수 있는 장비들이 탑재되어 있다. 그리고 로봇 팔에 달려 있는 화성의 토양과 암석을 채취할 수 있고, 카메라가 달려 있어 화성 탐사 로봇의 눈의 역할을 한다. 또한, 화성 표면에서 모터에 달린 바퀴를 굴려 안전하게 이동할 수 있도록 한다.

화성 탐사 로봇인 '큐리오시티'와 같이 다양한 기능과 역할을 하는 로봇은 다음과 같은 기본 장치들로 구성되어 있다.

- 감지장치: 외부 자극을 인식하여 전기 신호로 변환함
- 제어장치: 감지장치에서 받은 전기 신호에 따라 적절하게 판단하는 프로그램을 통해 동작장치에 명령을 내림
- 동작장치: 제어장치에서 지시한 명령에 따라 작동함

아래 표는 화성 탐사 로봇이 화성 표면의 토양을 분석하기 위해 움직이는 동작을 나타낸 것이다. ㉠, ㉡에서 로봇이 수행해야 하는 동작을 로봇의 기본 장치와 관련지어 빈칸을 채우시오. [7점]

순서	동작
❶	감지장치인 카메라를 이용하여 화성 표면의 토양을 관찰한다.
❷	㉠
❸	㉡
❹	채취한 토양을 분석장치에 넣어 분석한다.

12 컴퓨팅 사고력 - 자료와 데이터

[규칙]에 맞게 빈칸에 알맞은 숫자를 써넣으시오. [7점]

[규칙]

❶ 모든 가로줄에 1부터 9까지의 숫자가 겹치지 않도록 써넣는다.
❷ 모든 세로줄에 1부터 9까지의 숫자가 겹치지 않도록 써넣는다.
❸ 굵은 선 안의 3×3 사각형 안에 1부터 9까지의 숫자가 겹치지 않도록 써넣는다.

	5	3	2		7			8
6		1	5					2
2			9	1	3		5	
7	1	4	6	9	2			
	2						6	
			4	5	1	2	9	7
	6		3	2	5			9
1					6	3		4
8			1		9	6	7	

13 컴퓨팅 사고력 - 정보보안과 정보윤리

SNS란 소셜 네트워크 서비스(Social Network Service)로, 사용자 간의 자유로운 의사소통과 정보 공유 그리고 인맥 확대 등을 통해 사회적 관계를 생성하고 강화해 주는 온라인 플랫폼을 말한다. 다음 글을 읽고 바람직한 SNS 사용 예절을 2가지 서술하시오. [7점]

종운이는 SNS를 통해 만난 은혁이와 서로의 비밀을 이야기할 만큼 친해졌다. 그러던 어느 날 종운이는 은혁이에게 보여준 자신의 예전 사진과 비밀이 친구들의 SNS와 댓글 등을 통해 돌고 있다는 사실을 알게 되었다. 화가 난 종운이는 은혁이에게 이 사실을 따지자 은혁이는 어떤 대답도 없이 대화방을 나가 버리고 종운이를 친구목록에서 차단해 버렸다.

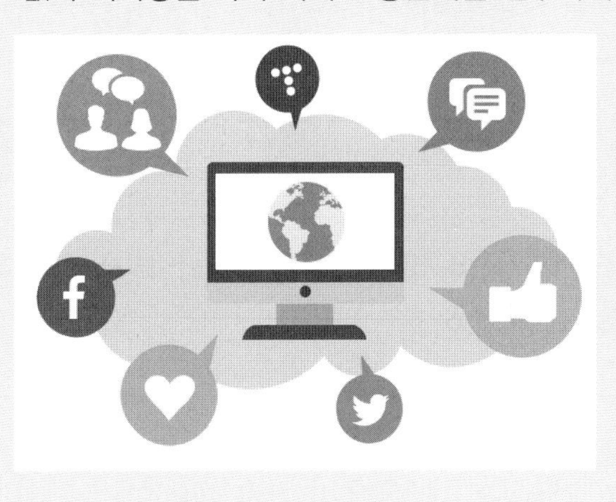

14 융합 사고력

A 초등학교 도서관은 간단한 도서 대출 시스템을 가지고 있다. 교직원의 경우에는 대출 기간이 28일이며 학생의 경우에는 대출 기간이 7일이다. 아래의 순서도는 이 대출 기간 결정 체계를 나타낸 것이다.

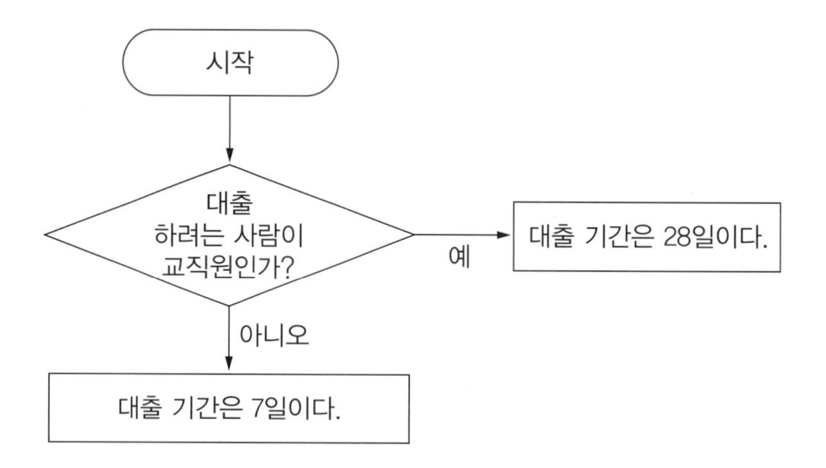

B 초등학교 도서관은 이와 비슷하지만 좀 더 복잡한 대출 체계를 가지고 있다. 다음을 읽고 물음에 답하시오.

1. '제한'으로 분류된 모든 간행물의 대출 기간은 2일이다.
2. '제한' 목록에 없는 모든 책들(정기간행물 제외)의 대출 기간은 교직원의 경우 28일이며, 학생의 경우 14일이다.
3. '제한' 목록에 없는 정기간행물의 대출 기간은 교직원, 학생 모두 7일이다.
4. 반납일이 지난 책이 있는 사람은 다른 책을 대출할 수 없다.

(1) 석진이는 B 초등학교 학생이며, 반납일이 지난 책이 없다. 만약 석진이가 제한 목록에 포함되지 않은 책을 대출하려고 한다면, 얼마동안 그 책을 빌려 볼 수 있는지 쓰시오. [3점]

(2) B 초등학교 도서관의 대출 기간을 결정하는 체계를 순서도로 나타내시오. [5점]

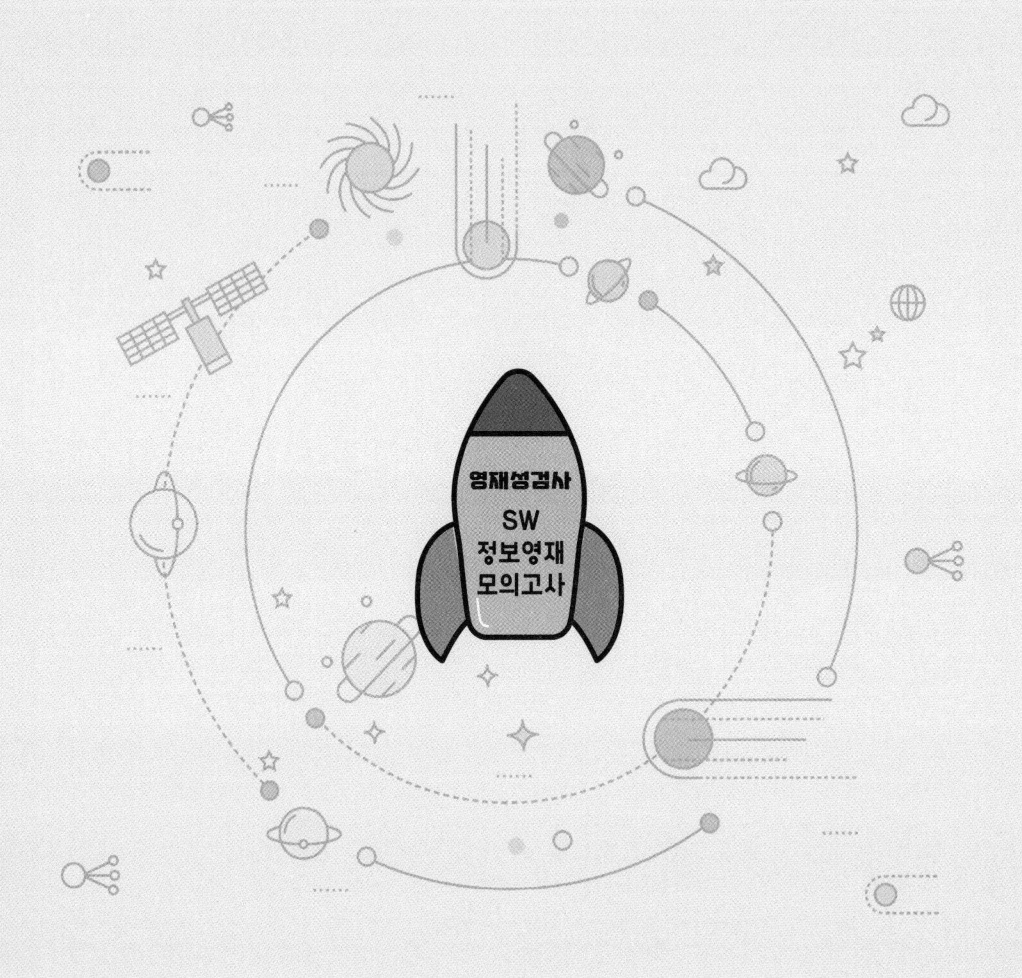
영재성검사
SW
정보영재
모의고사

제2회

초등학교 학년 반 번

성명		지원분야	

- 시험 시간은 총 90분입니다. 시간을 반드시 지켜주세요.
- 문제가 1번부터 14번까지 있는지 확인하세요.
- 문제지에 학교, 학년, 반, 번호, 성명, 지원분야를 쓰세요.
- 필기구 외에는 계산기 등을 일체 사용할 수 없습니다.

SW 정보영재 모의고사

01 일반 창의성

다음은 고속도로의 휴게소 안내 표지판이다. 이 표지판을 통해 알 수 있는 사실을 10가지 서술하시오. [7점]

평가가이드 | 20쪽

02 이산수학-확률과 통계

다음은 자물쇠에 대한 설명이다.

자물쇠는 문이나 서랍, 금고 등 여닫게 되어 있는 물건을 잠그는 장치로, 최초의 자물쇠는 지금으로부터 약 4000년 전 이집트에서 사용된 것으로 알려져 있다. 자물쇠는 열쇠를 이용해 여는 자물쇠와 비밀번호를 돌리거나 눌러서 여는 자물쇠 등 그 종류가 다양하다. 최근에는 패턴, 지문, 망막 인식 등과 같은 기술이 사용된 보안장치가 과거의 자물쇠를 대신하고 있다.

다음 그림은 1부터 7까지의 숫자가 적힌 3개의 원판을 연결해 만든 자물쇠로, 자물쇠가 열리는 비밀번호인 145를 나타내고 있다. 정수는 이 자물쇠가 열리는 비밀번호를 525로 다시 설정하였는데 비밀번호를 잊어버리고 말았다. 이 자물쇠를 열기 위해 111부터 시작하여 112, 113, …의 순서대로 자물쇠가 열리는 비밀번호를 찾으려고 한다. 몇 번 만에 자물쇠를 열 수 있는지 구하고, 풀이 과정을 서술하시오.

[7점]

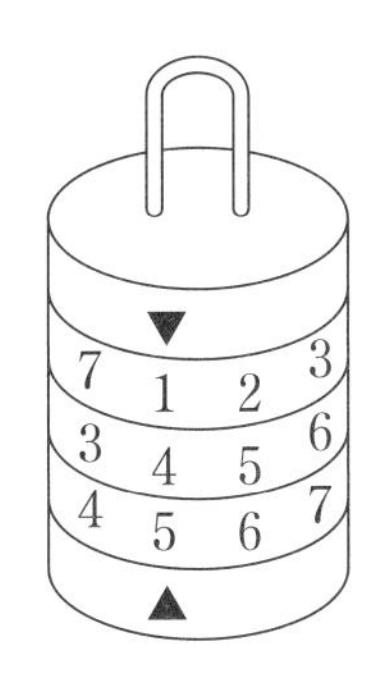

03 이산수학-확률과 통계

다음 〈보기〉에서는 주어진 3개의 색칠된 모양을 모눈종이의 선을 따라 꼭짓점끼리만 연결되도록 그려 넣는 방법을 보여주고 있다.

〈 보 기 〉

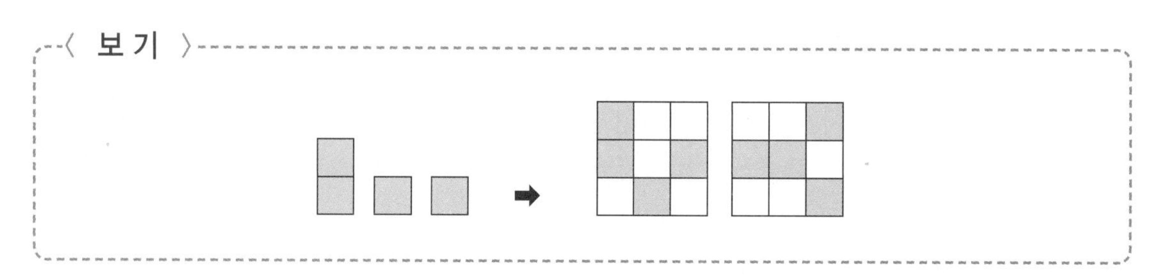

〈보기〉와 같은 방법으로 아래에 주어진 3개의 색칠된 모양을 모눈종이의 선을 따라 꼭짓점끼리만 연결되도록 그려 넣으려고 한다. 서로 다른 방법을 최대한 많이 그리시오.(단, 모눈종이를 돌리거나 뒤집어서 같아지는 경우는 한 가지로 본다.)

[7점]

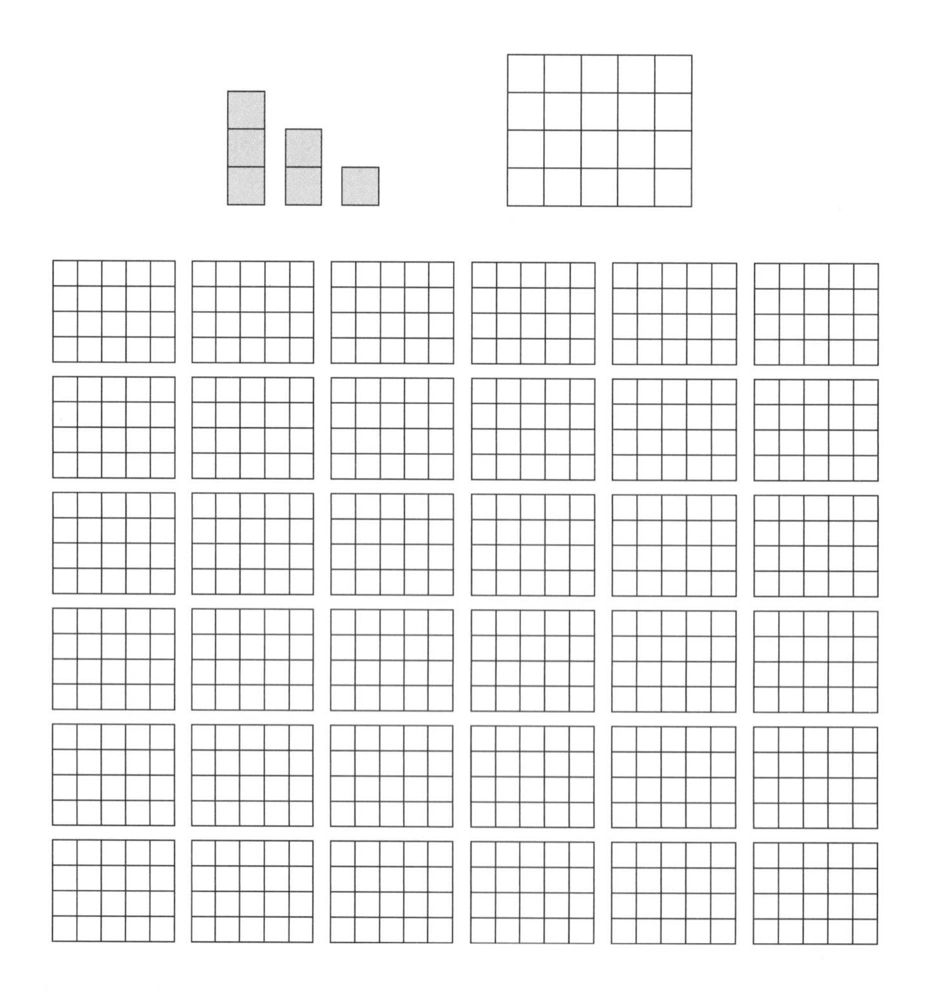

04 이산수학-효율적인 경로와 그래프

한붓그리기는 종이에서 연필을 떼지 않고 모든 선분을 한 번씩만 지나며 도형을 완성하는 것을 말한다. 다음 도형은 한붓그리기가 불가능한 도형이다. 만약 같은 선분을 두 번 이상 지나는 것을 허용하여 종이에서 연필을 떼지 않고 한 번에 그린다면 두 번 이상 지나야 하는 선분의 최소 개수는 몇 개인지 구하고, 그 이유를 서술하시오. [7점]

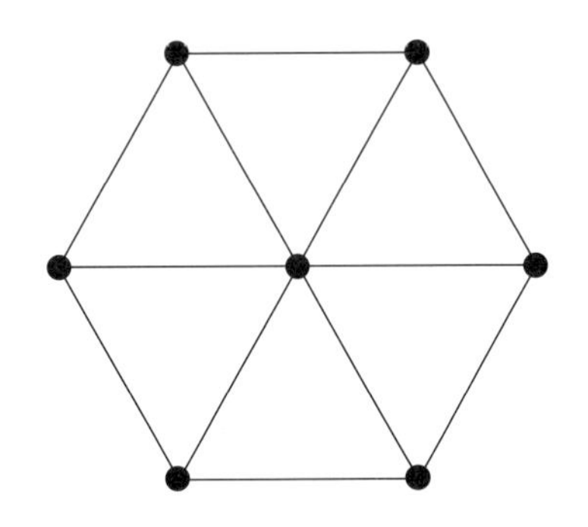

05 이산수학-규칙성

다음 표에 배열된 수 사이에는 어떠한 규칙이 있다. (가), (나), (다)의 값을 각각 구하고, 풀이 과정을 서술하시오. [7점]

2	4	6	4	2	6	2	4
5	9	9	7	(가)	7	5	5
1	3	(나)	2	1	5	6	2
3	5	(다)	3	5	1	3	1

06 이산수학-논리

나연이는 열대어를 키우기 위해 서로 다른 종류의 열대어 A, B, C, D, E 5마리를 샀다. 다음은 각각의 열대어가 잡아먹는 열대어를 표로 나타낸 것이다. 나연이는 최소 개수의 수족관으로 모든 열대어를 기르고 싶다. 나연이에게 필요한 수족관의 최소 개수를 구하고, 풀이 과정을 서술하시오. [7점]

A가 잡아먹는 열대어	B, C
B가 잡아먹는 열대어	C, D
C가 잡아먹는 열대어	D, E
D가 잡아먹는 열대어	B, E
E가 잡아먹는 열대어	A, C

07 융합 사고력

다음에서 (가)는 지층 A ~ D의 모양을 그림으로 나타낸 것이고, (나)는 (가)에서의 지층의 관계를 그래프로 나타낸 것이다.

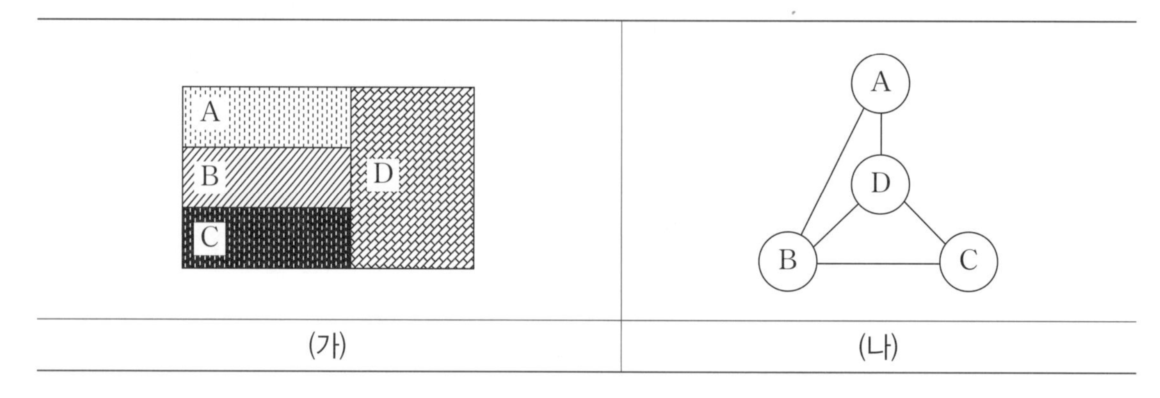

(가) (나)

(나)에서 지층의 관계는 노드(동그라미 모양)와 선으로 표현할 수 있으며, 노드는 각 지층을, 노드를 연결하는 선은 지층 사이의 경계를 의미한다. (가) ~ (라)를 바탕으로 물음에 답하시오.(단, (라)에서 지층의 역전 현상은 나타나지 않았다.)

〈지층의 법칙〉
- 지각변동에 의해 지층이 역전되지 않았다면, 아래에 있는 지층이 위에 있는 지층보다 오래 되었다.
- 관입에 의한 지층의 교란의 경우는 관입한 암석이 관입을 당한 암석보다 더 최근의 것이다.

※ 관입: 원래 존재하던 암석을 마그마가 뚫고 들어가는 현상이다.

A B C D E F G

(다) (라)

(1) (라)의 지층을 오래된 순서대로 나열하시오.(단, 가장 오래된 것을 가장 먼저 나열한다.) [3점]

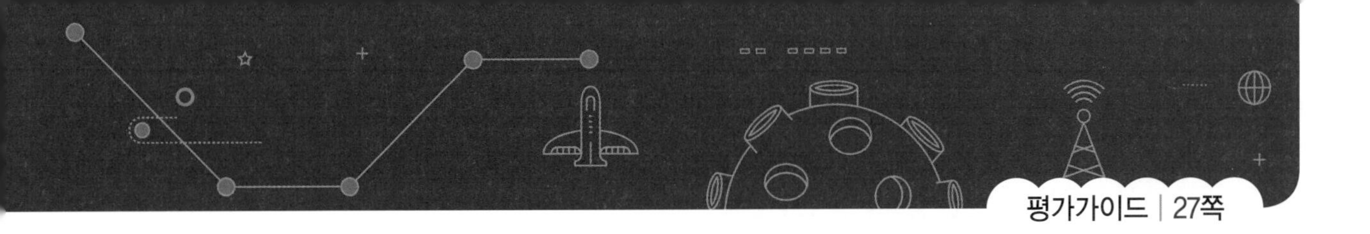

(2) (라)를 노드와 선분을 이용해 (나)와 같은 형태로 나타내시오. [5점]

08 컴퓨팅 사고력–순서도와 알고리즘

은혁이는 어머니가 다림질을 하는 것을 구경하고 있다가 다리미의 전원등이 켜졌다 꺼졌다를 반복하는 것을 보았다. 이것은 어머니가 전기 다리미를 사용하는 동안 다리미의 온도가 일정하게 유지되도록 만들어진 전기 다리미의 기능이며, 이 기능은 일정한 온도를 유지하기 위해 어떤 알고리즘에 따라 작동한다고 은혁이는 생각했다. 다리미의 작동 원리에 대한 알고리즘의 순서도를 완성하시오. [7점]

09 컴퓨팅 사고력-코딩과 프로그래밍

다음은 로봇이 두 개의 적외선 센서를 사용해 흰색 바닥 위의 검은 색 선을 따라가는 라인트레이서에 대한 내용이다.

라인트레이서(LineTracer)는 말 그대로 라인(선)을 따라 움직이는 장치를 말한다. 검은 판 위의 흰색 선이나 흰 판 위의 검은색 선을 따라 스스로 움직이는 것으로, 이것은 바닥의 선을 인식할 수 있는 센서, 정보를 처리하는 제어장치, 이동할 수 있도록 만드는 이동장치 등으로 이루어진다.

앞뒤로 반복하여 움직이는 라인트레이서 A, B, C가 있다. 스위치를 켜면, 라인트레이서 A는 3초간 앞으로 간 후 3초간 뒤로 가고, 라인트레이서 B는 4초간 앞으로 간 후 4초간 뒤로 가며, 라인트레이서 C는 5초간 앞으로 간 후 5초간 뒤로 간다. 스위치를 동시에 켠 후 60분 동안에 라인트레이서 A, B, C가 동시에 2초간만 앞으로 움직이는 경우는 모두 몇 번인지 구하고, 풀이 과정을 서술하시오. [7점]

10 컴퓨팅 사고력-코딩과 프로그래밍

다음은 수를 활용한 컴퓨터 그래픽에 대한 내용이다.

수를 활용한 디자인은 프로그램에 수를 입력하여 컴퓨터 그래픽을 생성해 내는 것이라고 할 수 있다. 즉, 수는 컴퓨터 그래픽에서 디자인 도구인 것이다. 다음은 명령어와 수를 활용해 컴퓨터 그래픽을 생성하는 방법을 설명한 것이다.

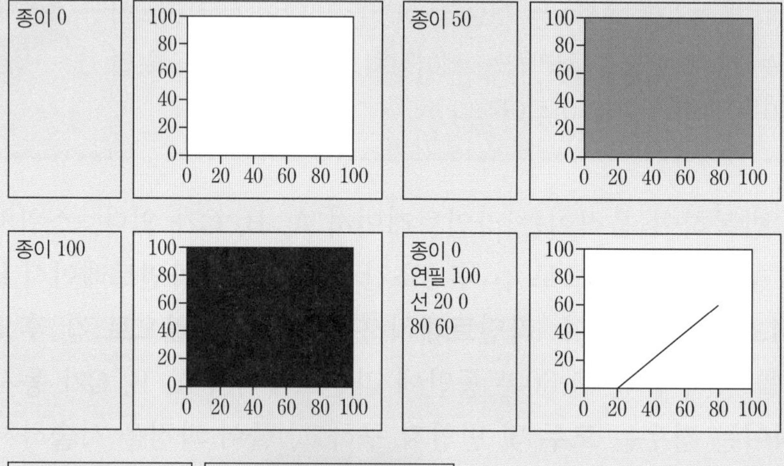

제시된 컴퓨터 그래픽을 생성한 명령어를 각각 쓰시오. [7점]

(1)

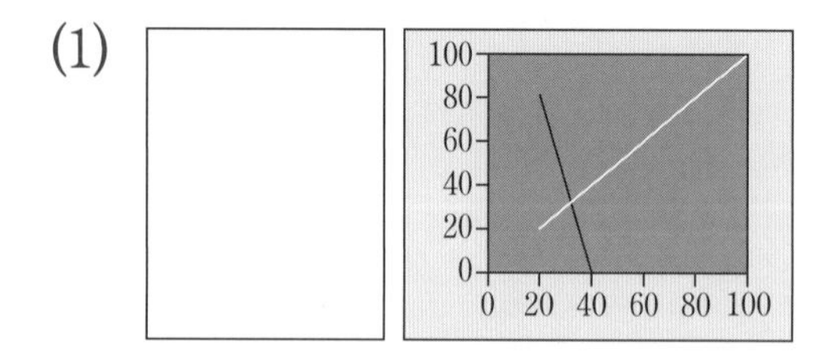

(2)

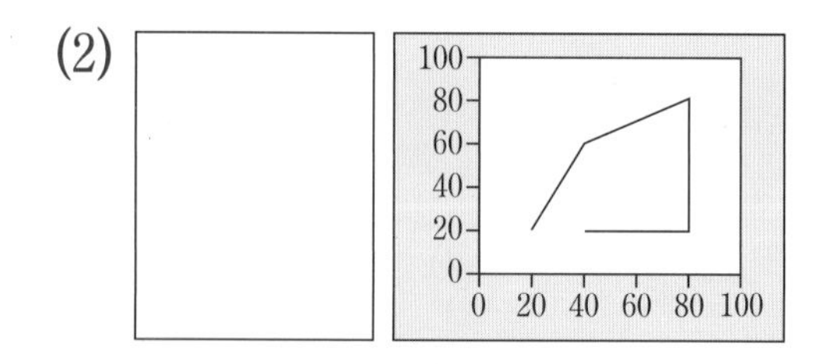

평가가이드 | 31쪽

11 컴퓨팅 사고력-하드웨어와 소프트웨어

다음은 컴퓨터를 구성하는 하드웨어에 대한 설명이다.

컴퓨터는 일반적으로 제어장치, 연산장치, 기억장치, 입력장치, 그리고 출력장치와 같은 5가지의 기능 장치로 구성되어 있다.

첫째, 제어장치(Control Unit)는 명령어를 기억장치(메모리)로부터 읽고 해석하여 실행에 필요한 제어를 위한 신호를 각 장치에 보내는 역할을 한다. 보통 연산장치를 추가하여 CPU(Central Processing Unit)라고 부르고 있다.

둘째, 연산장치(Arithmetic Unit)는 CPU 내부에서 실질적이고 중요한 데이터 처리를 담당한다. 컴퓨터의 사고 기능을 수행하며 명령어의 연산자 부분에 따라 수치적 연산과 비수치적 연산을 수행한다.

셋째, 기억장치(Memory Unit)는 컴퓨터가 필요로 하는 데이터나 컴퓨터가 자료를 처리하여 얻은 결과 등을 저장하는 기능을 하는 장치를 의미한다.

넷째, 입력장치(Input Device)는 사용자가 원하는 문자, 기호, 그림, 소리 등의 데이터 또는 명령을 컴퓨터 내부의 메모리에 전달하는 장치이다.

다섯째, 컴퓨터의 출력장치(Output Device)는 사람이 읽을 수 있는 빛, 소리, 글자 등의 다양한 방식으로 PC에서 처리한 결과를 출력하는 장치이다.

다음은 컴퓨터를 구성하는 장치들이다. 각 장치들을 쓰임에 따라 연산/제어장치, 기억장치, 입력장치, 출력장치의 4가지로 나누려고 할 때, 각 장치가 어떤 장치인지 빈칸에 알맞게 써넣으시오. [7점]

① 연산/제어장치	②	③
④	⑤	⑥
⑦	⑧	⑨

12 컴퓨팅 사고력-자료와 데이터

다음은 일상생활에서의 일의 우선순위를 순서도로 나타낸 것이다.

우리는 일상생활에서 일의 우선순위를 정해야 할 때가 많다. 다음은 라면을 끓이는 순서도를 보고 일의 우선순위에 따라 각각의 행동을 4단계로 정리한 것이다.(단, 앞선 단계의 행동이 끝나야만 다음 단계의 행동을 할 수 있다.)

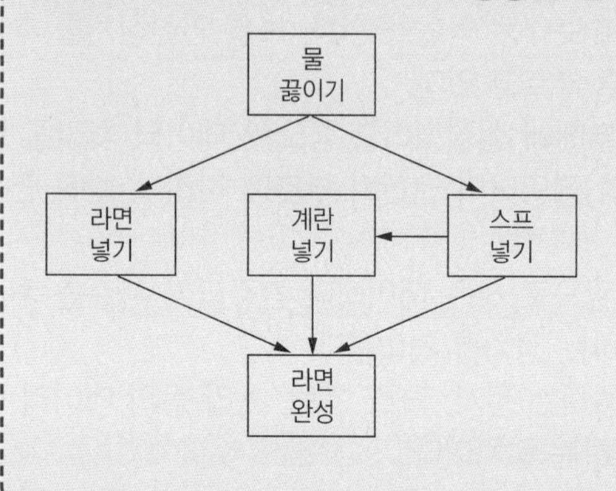

단계	행동
1	물 끓이기
2	라면 넣기, 스프 넣기
3	계란 넣기
4	라면 완성

가온이는 위와 같은 방법으로 토마토 스파게티를 만드는 방법을 6단계로 정리하려고 한다. 스파게티를 만드는 순서도를 보고 일의 우선순위에 따라 각각의 행동을 6단계로 나누시오. [7점]

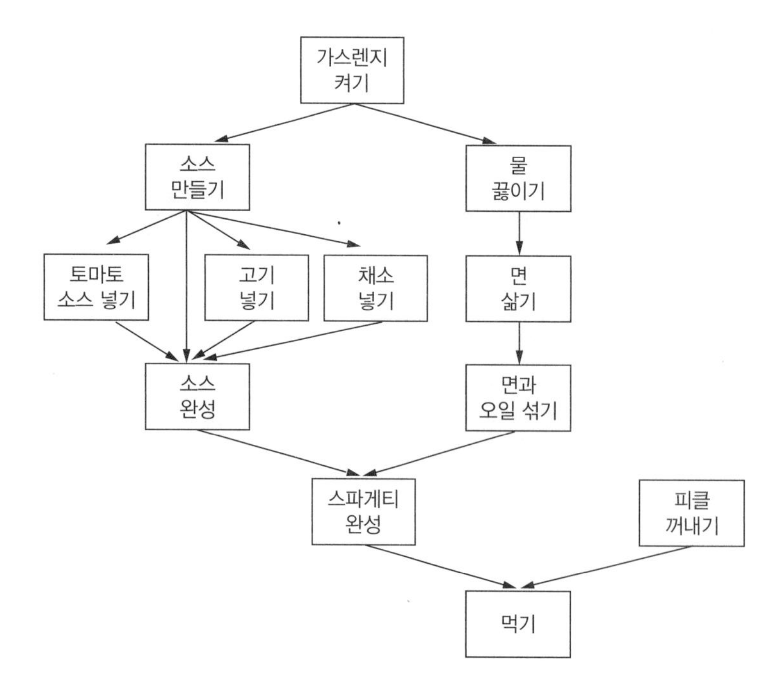

단계	행동
1	
2	
3	
4	
5	
6	

13 컴퓨팅 사고력–정보보안과 정보윤리

다음은 빅데이터를 활용한 추천시스템에 대한 내용이다.

인터넷을 사용해 본 사람은 대부분 한번쯤 추천시스템(Recommendation System)을 경험해 보았을 것이다. 예를 들면, 쇼핑을 하기 위해 웹 사이트에 방문했을 때 '당신이 좋아할 만한 아이템'으로 추천받거나 SNS에서 친구 추천, 유튜브에서 맞춤동영상을 추천받는 것 등을 말한다. 이와 같은 추천시스템은 다른 사용자와 나의 정보를 비교하여 알맞은 정보 및 상품을 추천해 주는 원리이다.

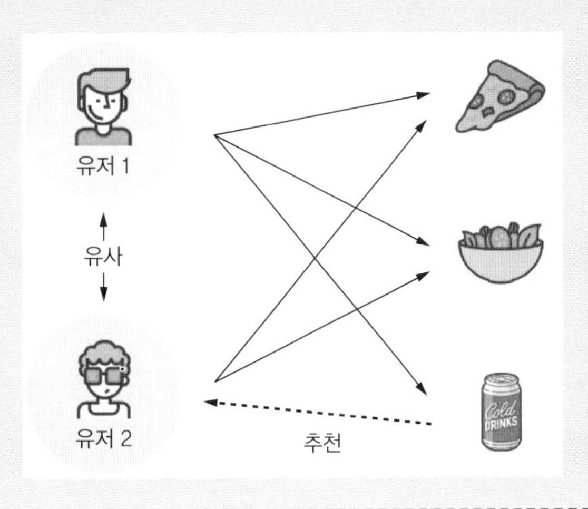

추천시스템이 활용될 때의 장점과 단점을 각각 2가지씩 서술하시오. [7점]

• 장점

• 단점

14 융합 사고력

다음을 읽고 물음에 답하시오.

다음 그림은 경작지에 물을 대기 위한 관개 수로 체계이다. A에서 H까지의 수문을 열거나 닫아서 필요한 곳에 물이 흘러가도록 할 수 있는데 수문이 닫힌 경우 물은 그 수문을 통과할 수 없다.
그런데 지후는 물이 흘러가야 할 곳으로 항상 흐르지 않을 수도 있다는 것을 알게 되었다. 그 이유는 수문들 중 하나가 막혀 있어서, 스위치를 '열림'으로 조절해도 열리지 않는 것이라고 생각했다.

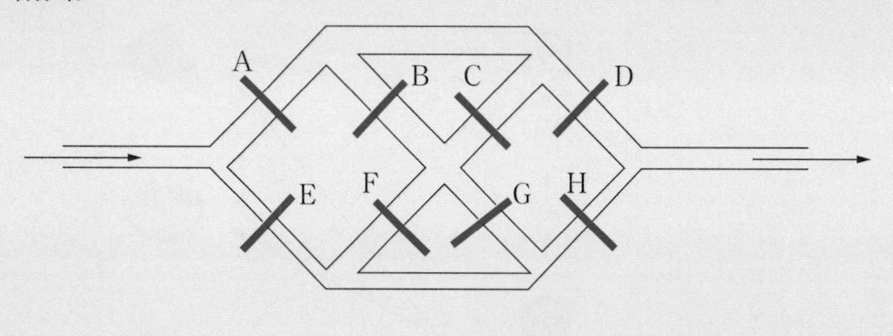

(1) 수문들의 상태를 점검하기 위하여 다음 표와 같이 수문의 스위치를 설정하였을 때, 물이 흘러갈 수 있는 가능한 모든 경로들을 아래 그림에 그려 넣으시오. (단, 모든 수문들이 설정 상태대로 정상 작동한다고 가정한다.) [3점]

A	B	C	D	E	F	G	H
열림	닫힘	열림	열림	닫힘	열림	닫힘	열림

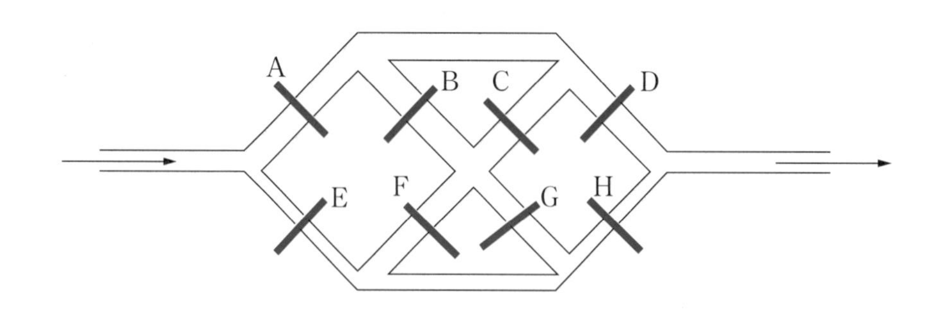

(2) 다음과 같이 각각의 문제 상황이 발생하였을 때, 물이 입구에서 출구까지 수문들을 통과하여 흐를 수 있을지 각각의 경우에 대하여 '예' 또는 '아니오'를 선택하시오. [2점]

문제 상황	물이 통과하여 끝까지 흐를 수 있을까?
수문 A가 막혀 있다. 그 밖의 다른 수문들은 (1)의 표에 설정된 대로 제대로 작동한다.	예 / 아니오
수문 D가 막혀 있다. 그 밖의 다른 수문들은 (1)의 표에 설정된 대로 제대로 작동한다.	예 / 아니오
수문 F가 막혀 있다. 그 밖의 다른 수문들은 (1)의 표에 설정된 대로 제대로 작동한다.	예 / 아니오

(3) 지후는 수문 D가 막혀 있는지를 점검해 보려고 한다. (1)의 표에서 '열림' 상태로 설정된 수문 D가 막혀 있는지 아닌지를 점검할 수 있도록 A에서 H까지의 수문들의 설정 상태를 '열림' 또는 '닫힘'으로 빈칸에 각각 써넣으시오. [3점]

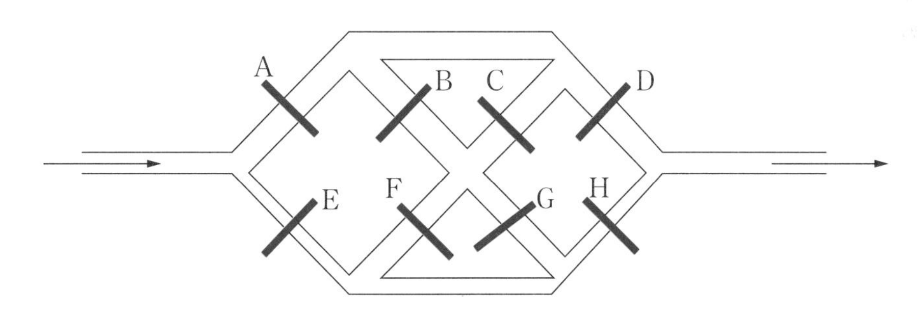

A	B	C	D	E	F	G	H

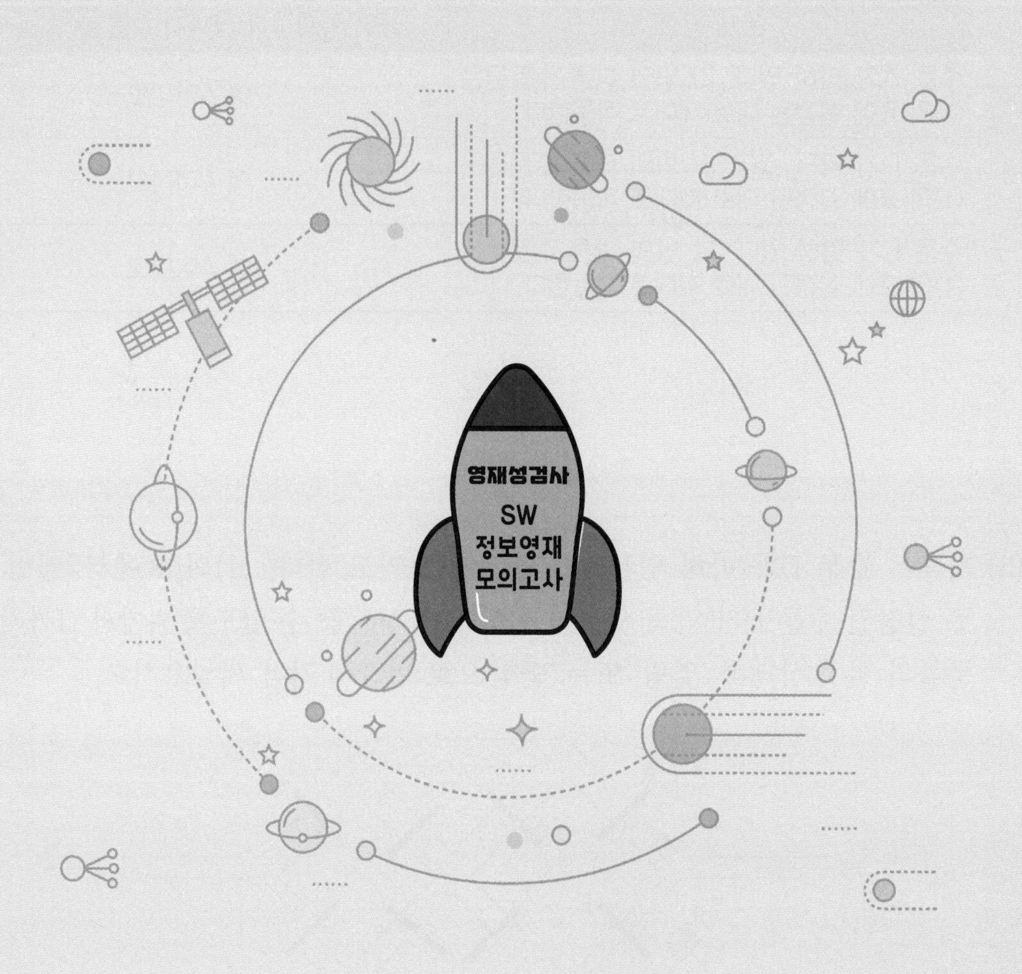
영재성검사
SW
정보영재
모의고사

제3회

초등학교 학년 반 번

성명		지원분야	

- 시험 시간은 총 90분입니다. 시간을 반드시 지켜주세요.
- 문제가 1번부터 14번까지 있는지 확인하세요.
- 문제지에 학교, 학년, 반, 번호, 성명, 지원분야를 쓰세요.
- 필기구 외에는 계산기 등을 일체 사용할 수 없습니다.

SW 정보영재 모의고사

01 일반 창의성

붓은 물감을 묻혀 그림을 그리는 데 사용하는 도구이다. 붓을 그림을 그리는 용도 이외에 다른 용도로 사용할 수 있는 방법을 5가지 서술하시오. [7점]

02 이산수학-확률과 통계

크기와 모양이 같은 쌓기나무 6개를 다음 그림과 같이 (가)와 (나) 위에 3개씩 쌓으려고 한다. 한 개씩 차례로 쌓아 올릴 때, 쌓는 순서에 따라 가능한 방법은 모두 몇 가지인지 구하고, 풀이 과정을 서술하시오. [7점]

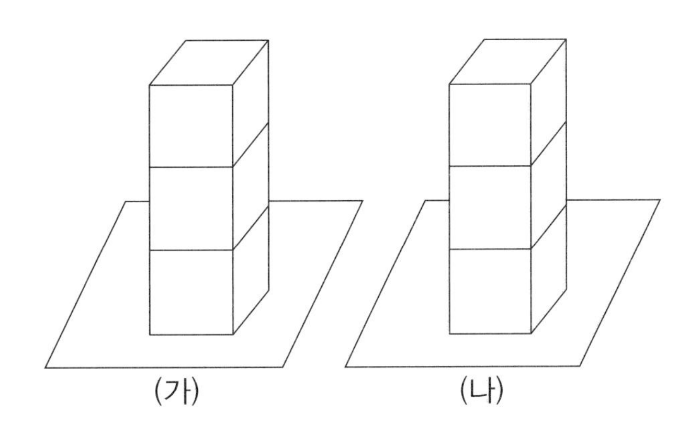

03 이산수학-확률과 통계

다음은 평균에 대한 설명이다.

평균은 자료 전체의 합을 자료의 개수로 나눈 값이다. 예를 들어 우리 반 학생들의 수학 시험의 평균 점수를 구하려면 학생들의 수학 점수를 모두 더한 후 학생 수로 나누어주면 된다.

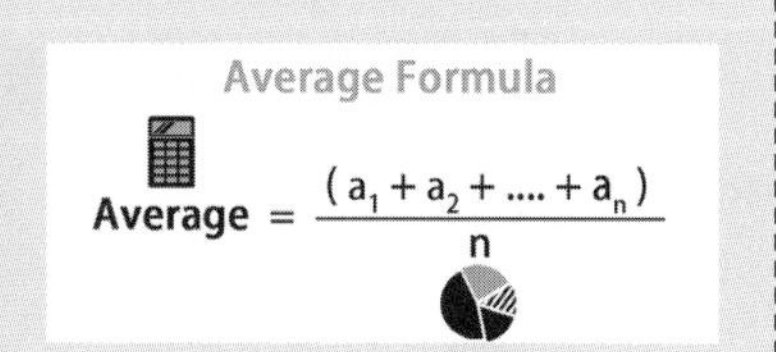

여훈이네 반 학생 25명이 수학 시험을 보았다. 남학생의 수학 시험의 평균 점수만 7점을 올리면 반 전체 평균 점수가 79.6점이 되고, 여학생의 수학 시험의 평균 점수만 7점을 올리면 반 전체 평균 점수가 78.2점이 된다고 한다. 이때 여훈이네 반 전체 학생들의 수학 시험의 평균 점수를 구하고, 풀이 과정을 서술하시오. [7점]

평가가이드 | 40쪽

04 이산수학-효율적인 경로와 그래프

다음 글을 읽고 물음에 답하시오.

독일에는 쾨니히스베르크라는 도시가 있다. 쾨니히스베르크에는 강에 있는 두 개의 섬과 연결된 일곱 개의 다리가 있었는데, 그 곳 사람들은 그 다리를 건너 산책하기를 즐겼다. 산책하는 도중에 사람들은 다음과 같은 생각을 하게 되었다.
'각각의 다리들을 한 번씩만 지나 모든 다리를 건너갈 수 있을까?'

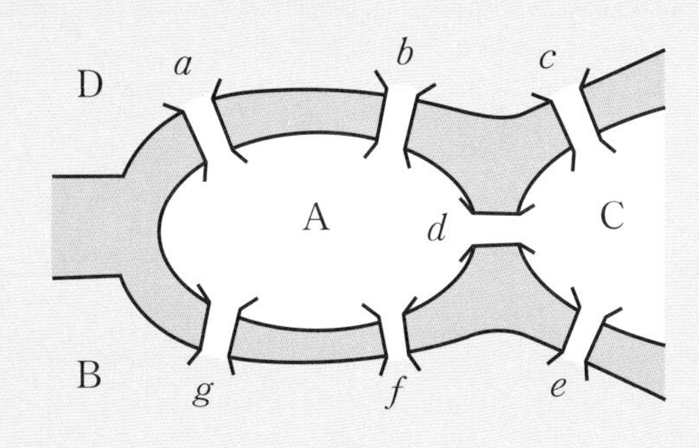

각각의 다리들을 한 번씩만 지나 모든 다리를 지날 수 있는지 없는지를 쓰고, 그 이유를 서술하시오. [7점]

05 이산수학-규칙성

도형의 대각선은 하나의 꼭짓점에서 이웃하지 않는 서로 다른 꼭짓점으로 이은 선분을 말한다. 정다각형 중에서 정구각형의 모든 대각선의 개수의 2배인 대각선을 그을 수 있는 도형을 정□각형이라고 할 때, □ 안에 알맞은 말을 써넣고, 풀이 과정을 서술하시오. [7점]

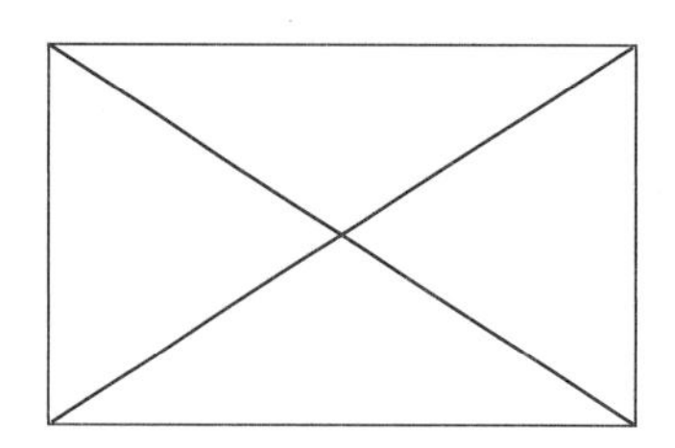

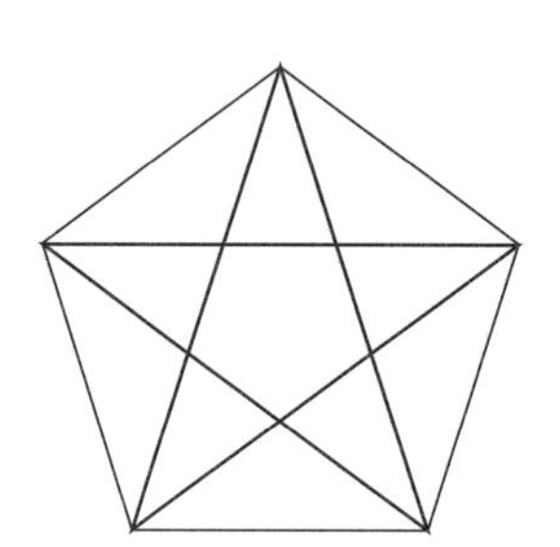

06 이산수학–논리

재형이는 반 학생들이 축구와 야구 중에서 좋아하는 운동이 무엇인지 조사하였다. 축구와 야구를 모두 좋아하는 학생은 12명이고, 이 수는 축구를 좋아하는 학생 수의 $\frac{4}{7}$이다. 야구를 좋아하는 학생 수가 축구를 좋아하는 학생 수보다 2명 많을 때, 재형이네 반 학생은 최소 몇 명인지 구하고, 풀이 과정을 서술하시오. [7점]

07 융합 사고력

우리나라 자동차 번호판과 관련된 설명이다. 다음 물음에 답하시오.

우리나라 자동차 번호판은 숫자 2개 또는 3개, 글자 1자, 숫자 4개가 아래와 같이 차례대로 나열되어 있다.

52가 3108　152가 3108

그렇다면 각각의 숫자와 글자는 어떤 의미를 가지고 있을까?
우선 왼쪽에 기입된 2개의 숫자는 등록차량을 차종별로 분류하기 위한 것이다. 일반자가용은 01~69, 승합자동차는 70~79, 화물자동차는 80~97, 특수자동차는 98~99를 사용한다.
글자는 등록차량의 용도를 나타낸다. 승용차 중 일반자가용은 '가, 나, 다, 라, 마, 거, 너, 더, 러, 머, 버, 서, 어, 저, 고, 노, 도, 로, 모, 보, 소, 오, 조, 구, 누 두, 루, 무, 부, 수, 우, 주'를 사용한다. 영업용 자동차는 '바, 사, 아, 자'를 사용하고, 대여용 자동차는 '허, 하, 호'를, 택배용 자동차는 '배'를 사용한다. 이중 택배용 자동차의 경우 원래는 '택'을 사용하려고 했으나, 과속 단속카메라가 받침 있는 글자를 잘 식별하지 못한다는 이유로 '배'를 사용하게 되었다.
오른쪽에 기입된 4개의 숫자는 등록차량의 일련번호이다. 2016년까지 일반자가용과 관련하여 숫자 69개와 한글 32개, 1000부터 9999까지의 숫자를 조합해서 만들 수 있는 등록번호 19872000개가 모두 소진되었다. ㉠ 일반자가용의 등록번호를 더 이상 생성할 수 없게 되자 국토교통부는 기존 등록번호 중 회수 후 3년이 지난 번호판 428만 개를 재활용하기로 결정했고, 기존에 사용하지 않았던 0100부터 0999까지의 숫자를 추가하여 신규 등록번호를 생성하였다.
이후 번호판의 앞자리에 사용되는 숫자의 개수를 3개로 늘려 더 많은 번호판을 생성할 수 있게 되었다.

(1) 2016년에 일반자가용에 사용되었던 자동차 등록번호가 모두 소진되었다. 이를 해결하기 위해 국토교통부에서는 ㉠과 같은 방법으로 신규 등록번호를 추가하였다. 추가된 신규 등록번호의 개수를 구하고, 풀이 과정을 서술하시오. [3점]

(2) 다음은 유럽 4개국의 자동차 번호판이다. 4개 나라 중 가장 자동차의 수가 많을 것으로 생각되는 나라를 고르고, 그 이유를 수학적으로 서술하시오. [5점]

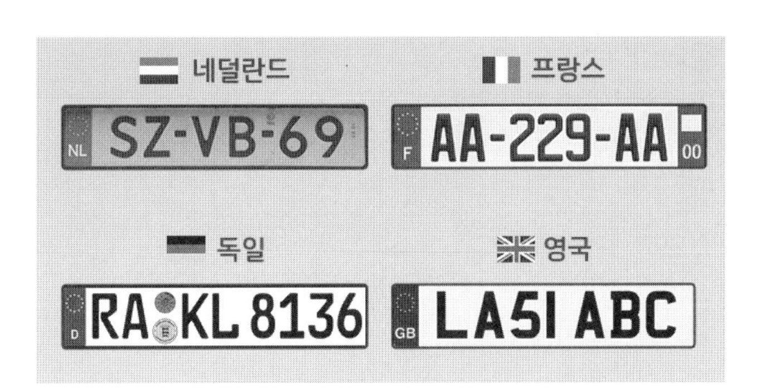

08 컴퓨팅 사고력-순서도와 알고리즘

다음은 민준이네 포도밭에서 포도를 따는 규칙이다.

❶ 포도밭에 들어간다.
❷ 농약을 뿌리는 중이면 기다린다.
❸ 농약을 다 뿌렸거나 농약을 뿌리고 있는 중이 아니면 포도밭에 들어가 포도가 익었는지 확인한다.
❹ 포도가 익었으면 포도를 딴다.
❺ 포도가 덜 익었으면 그대로 놔두고 다른 포도를 찾는다.
❻ 딴 포도를 들고 포도밭에서 나온다.

포도를 따는 규칙에 대한 아래의 순서도를 완성하시오. [7점]

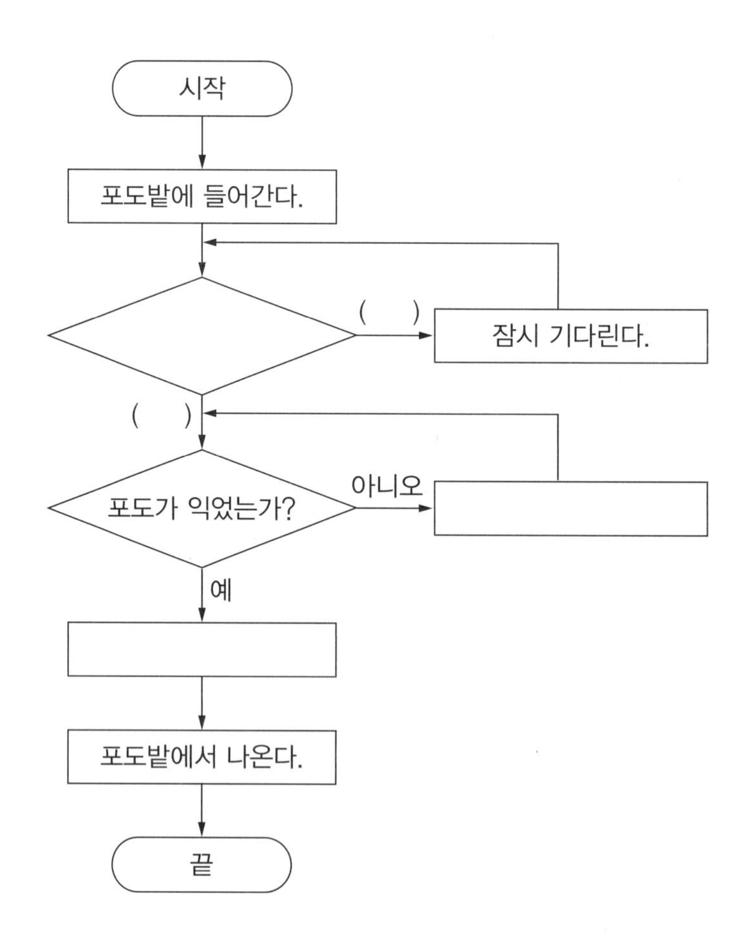

09 컴퓨팅 사고력-코딩과 프로그래밍

다음은 어떤 장치의 작동 원리를 나타낸 것이다.

다음 그림과 같은 장치에 무게와 크기가 같은 구슬을 A관부터 D관까지 넣으려고 한다. A관에 구슬이 6개 들어가면 제일 위에 있는 구슬은 B관으로 들어가고 나머지 구슬 5개는 A관의 밑이 열려 아래로 떨어진다. B, C, D관에서도 마찬가지로 작동한다. [그림 2]와 같이 B관에 3개, D관에 2개의 구슬이 각각 남았을 때, 이것을 [2030]으로 표시하기로 한다.

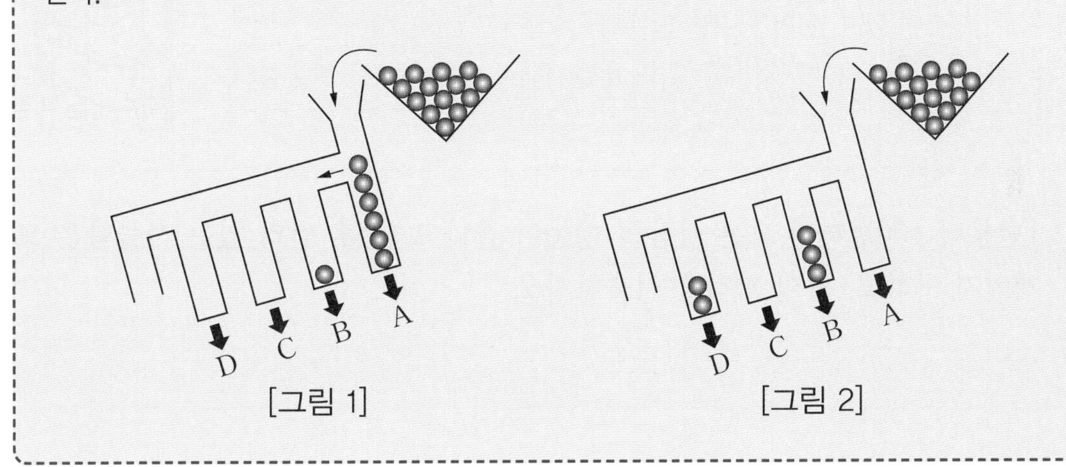

[그림 1] [그림 2]

[3024]가 될 때, 이 장치에 넣은 구슬은 모두 몇 개인지 구하고, 풀이 과정을 서술하시오. [7점]

10 컴퓨팅 사고력-코딩과 프로그래밍

1번부터 100번까지 번호가 정해진 사람들과 1번부터 200번까지 번호가 붙여진 사물함이 있다. 처음에 모든 사물함의 문은 닫혀 있다. 번호 1번인 사람부터 100번인 사람까지 100명의 사람들이 모두 다음과 같은 작업을 수행한다.

❶ 자기 번호의 배수가 되는 번호의 사물함에 대하여 사물함이 닫혀 있으면 열고, 열려 있으면 닫는다.
❷ 1번부터 100번까지 모든 사람이 순서대로 ❶의 행동을 반복한다.

1번부터 100번까지 모든 사람의 행동이 끝나고 난 후 열려 있는 사물함은 모두 몇 개인지 구하고, 풀이 과정을 서술하시오. [7점]

평가가이드 | 48쪽

11 컴퓨팅 사고력–하드웨어와 소프트웨어

동영상 편집을 하려는 태훈이는 다음과 같이 성능이 서로 다른 3개의 연산장치 A, B, C를 가지고 있다. 동영상 편집에 걸리는 시간은 연산장치의 성능에 따라 결정된다고 한다. 다음은 각 연산장치를 단독으로 사용할 경우 동영상 편집에 걸리는 시간을 나타낸 것이다.

연산장치	A	B	C
동영상 편집에 걸리는 시간	2시간	3시간	6시간

태훈이가 가지고 있는 3개의 연산장치를 통합해 동영상을 편집할 때, 걸리는 시간은 얼마일지 예상하고, 풀이 과정을 서술하시오.(단, 3개의 연산장치를 통합해 사용하더라도 성능의 변화는 없다.) [7점]

12 컴퓨팅 사고력-자료와 데이터

키가 모두 다른 10명의 학생 A, B, C, D, E, F, G, H, I, J가 순서대로 줄을 서있다. 각자 뒤에 있는 사람들 중에서 자기 자신보다 키가 작은 사람의 수를 세어 표로 나타내었더니 다음과 같았다.(단, A가 가장 앞에 있다.)

A	B	C	D	E	F	G	H	I	J
4	5	0	6	3	2	3	1	1	0

학생들의 키 순서에 맞게 아래 표를 완성하시오. [7점]

키가 큰 순서	1	2	3	4	5	6	7	8	9	10
학생										

13 컴퓨팅 사고력-자료 구조

[그림 1]과 [그림 2]는 같은 모양의 그림이다. [그림 1]의 A, B, C, D, E, F에 해당하는 [그림 2]의 숫자를 아래 표에 알맞게 써넣으시오. [7점]

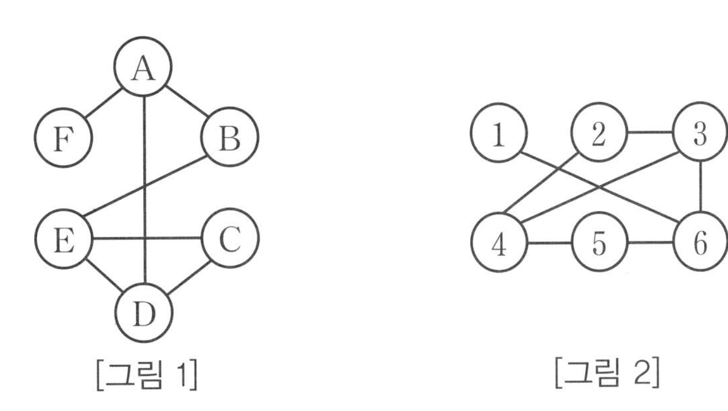

[그림 1] [그림 2]

	A	B	C	D	E	F
알파벳에 해당되는 숫자						

14 융합 사고력

컴퓨터에서 압축 기술은 매우 중요하다. 그 이유는 압축을 해서 정보를 보내면 시간과 비용을 많이 줄일 수 있기 때문이다. 다음을 읽고 물음에 답하시오.

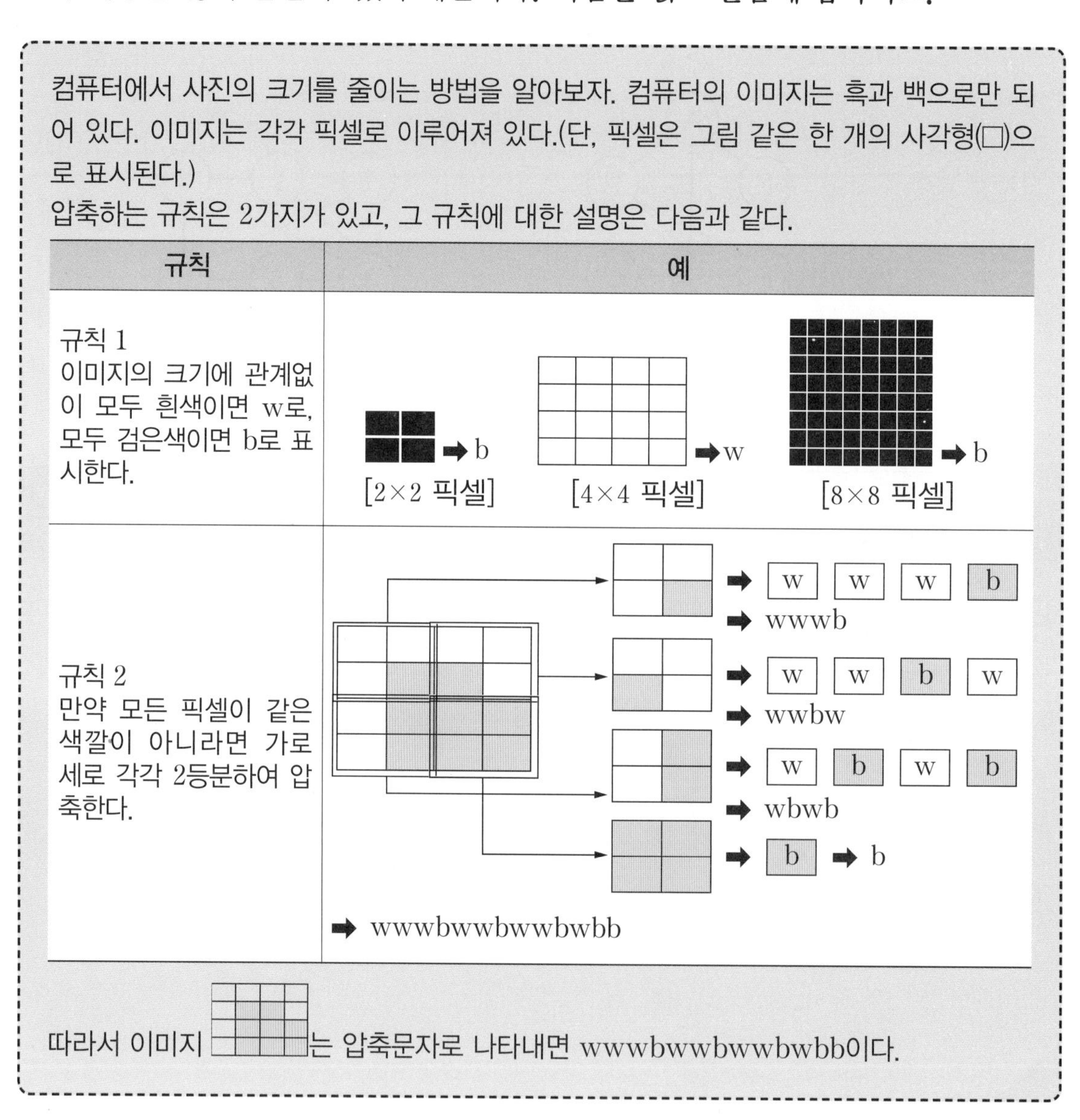

컴퓨터에서 사진의 크기를 줄이는 방법을 알아보자. 컴퓨터의 이미지는 흑과 백으로만 되어 있다. 이미지는 각각 픽셀로 이루어져 있다.(단, 픽셀은 그림 같은 한 개의 사각형(□)으로 표시된다.)

압축하는 규칙은 2가지가 있고, 그 규칙에 대한 설명은 다음과 같다.

규칙	예
규칙 1 이미지의 크기에 관계없이 모두 흰색이면 w로, 모두 검은색이면 b로 표시한다.	➡ b [2×2 픽셀]　➡ w [4×4 픽셀]　➡ b [8×8 픽셀]
규칙 2 만약 모든 픽셀이 같은 색깔이 아니라면 가로 세로 각각 2등분하여 압축한다.	➡ w w w b ➡ wwwb ➡ w w b w ➡ wwbw ➡ w b w b ➡ wbwb ➡ b ➡ b ➡ wwwbwwbwwbwbb

따라서 이미지 는 압축문자로 나타내면 wwwbwwbwwbwbb이다.

평가가이드 | 52쪽

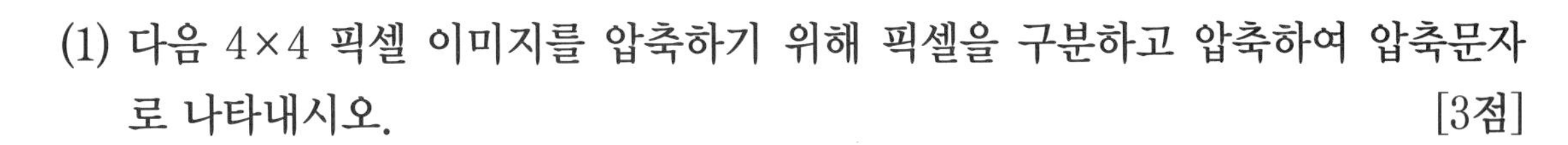

(1) 다음 4×4 픽셀 이미지를 압축하기 위해 픽셀을 구분하고 압축하여 압축문자로 나타내시오. [3점]

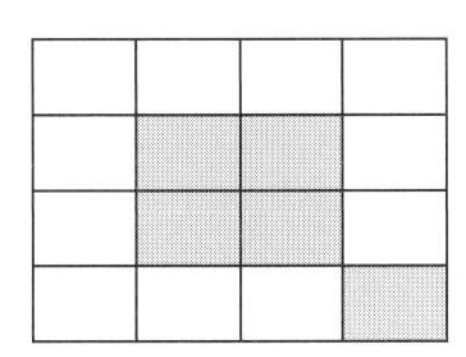

압축문자	

(2) 다음 8×8 픽셀 이미지를 압축하기 위해 픽셀을 구분하고 압축하여 압축문자로 나타내시오. [5점]

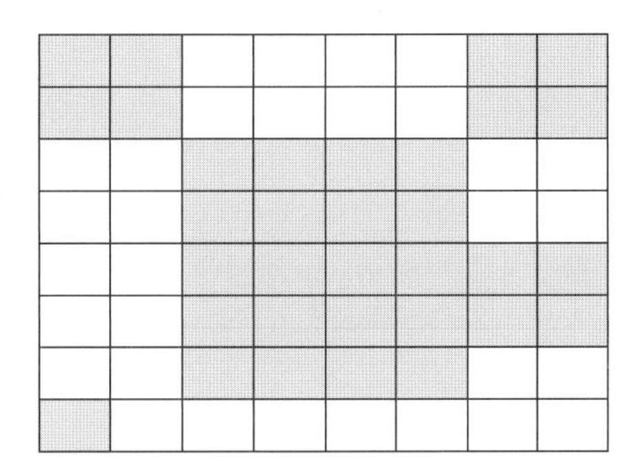

압축문자	

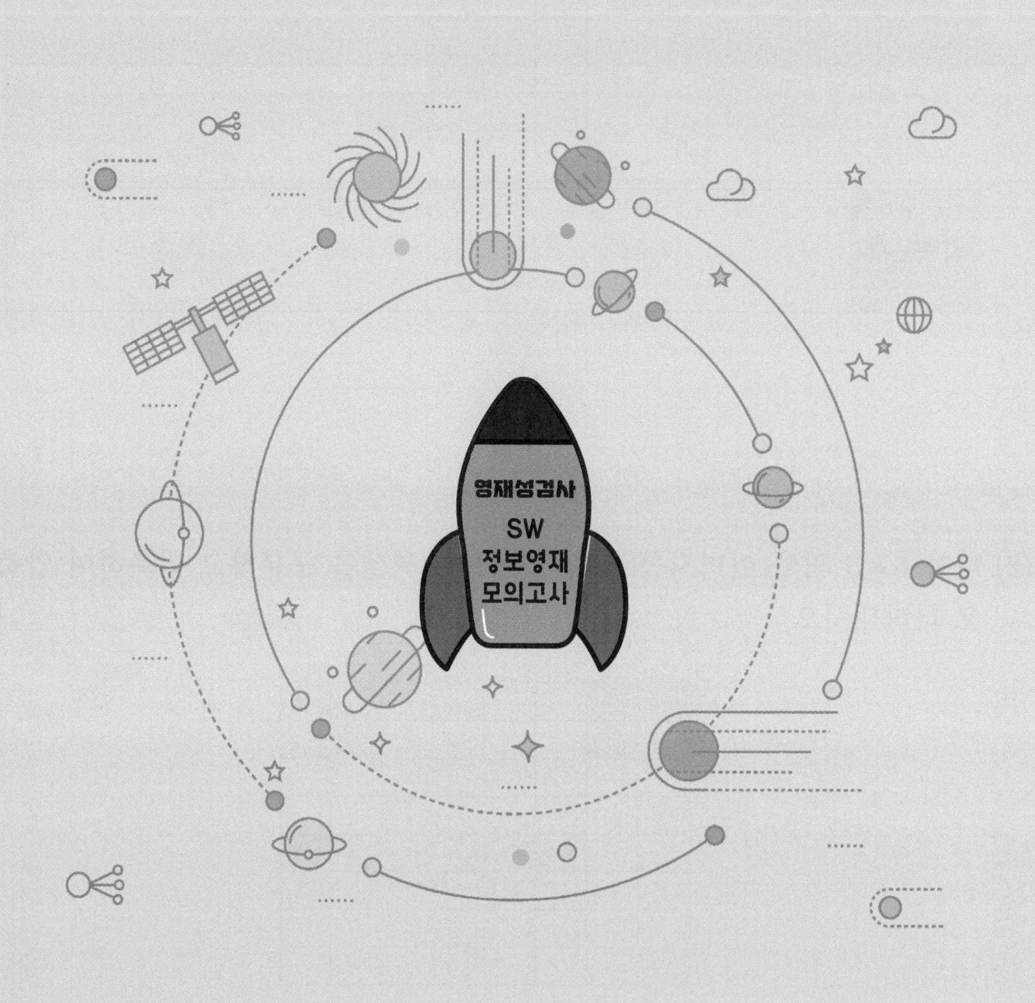
영재성검사
SW
정보영재
모의고사

제4회

초등학교 학년 반 번

성명		지원분야	

- 시험 시간은 총 90분입니다. 시간을 반드시 지켜주세요.
- 문제가 1번부터 14번까지 있는지 확인하세요.
- 문제지에 학교, 학년, 반, 번호, 성명, 지원분야를 쓰세요.
- 필기구 외에는 계산기 등을 일체 사용할 수 없습니다.

SW 정보영재 모의고사

01 일반 창의성

여러 개의 사과가 담겨 있는 바구니에서 가장 큰 사과를 고르려고 한다. 가장 큰 사과를 고를 수 있는 방법을 5가지 서술하시오. [7점]

평가가이드 | 55쪽

02 이산수학-확률과 통계

다음 정육면체의 꼭짓점 A를 출발하여 모서리를 따라 꼭짓점 B에 도착하는 방법은 모두 몇 가지인지 구하고, 풀이 과정을 서술하시오.(단, 한 꼭짓점은 여러 번 지나갈 수 있지만, 한 번 지나간 모서리는 다시 지나갈 수 없다.) [7점]

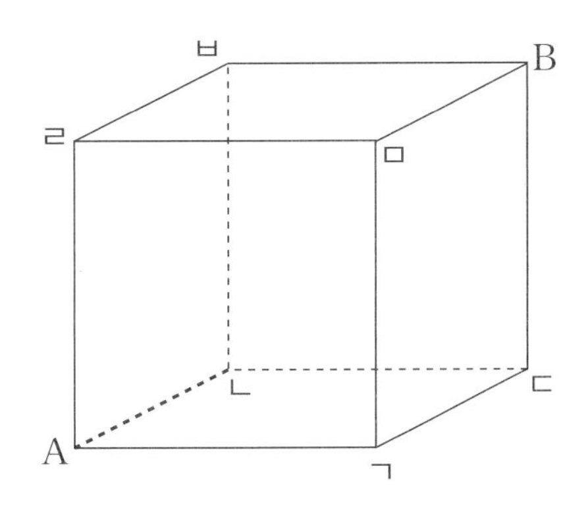

03 이산수학-확률과 통계

다음 〈그림 1〉과 같이 크기가 같은 정사각형 5개를 붙인 종이 2장을 〈그림 2〉와 같이 6개의 변 중에서 길이가 같은 한 변만 변끼리 바깥쪽으로 이어 붙여서 여러 가지 평면도형 모양을 만들려고 한다. 〈그림 2〉를 포함해서 서로 다른 모양을 모두 그리시오.(단, 돌리거나 뒤집어서 같은 모양은 한 가지로 본다.) [7점]

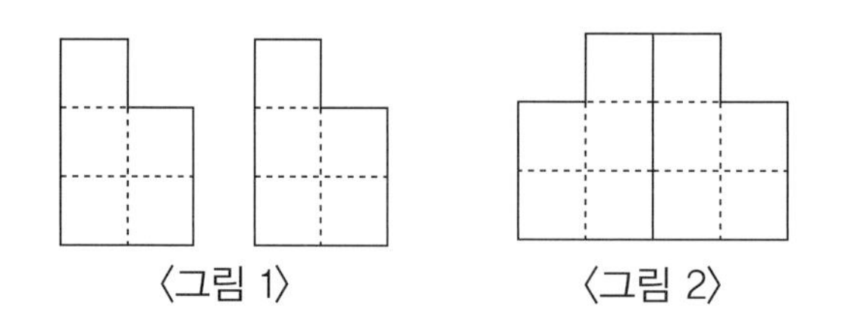
〈그림 1〉 〈그림 2〉

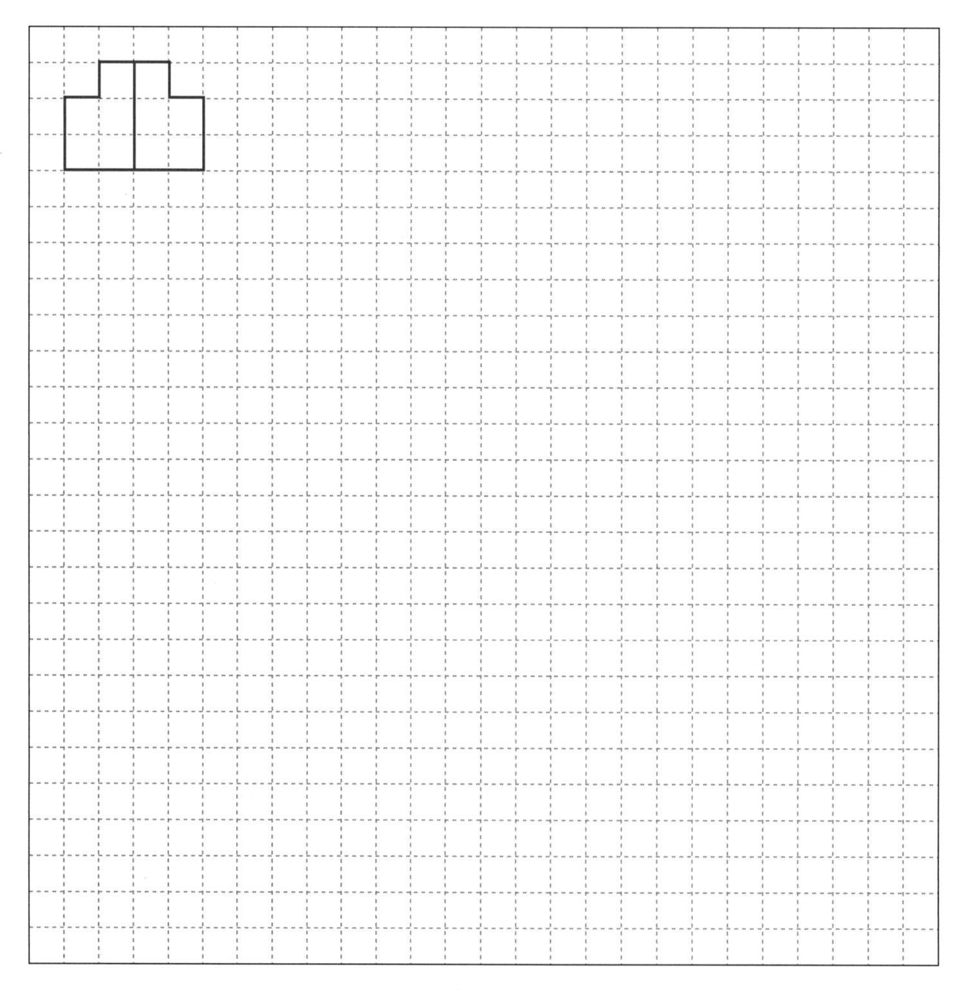

04 이산수학–효율적인 경로와 그래프

서양 장기 체스는 다음 그림처럼 8개 방향으로 이동할 수 있는 나이트가 있다.

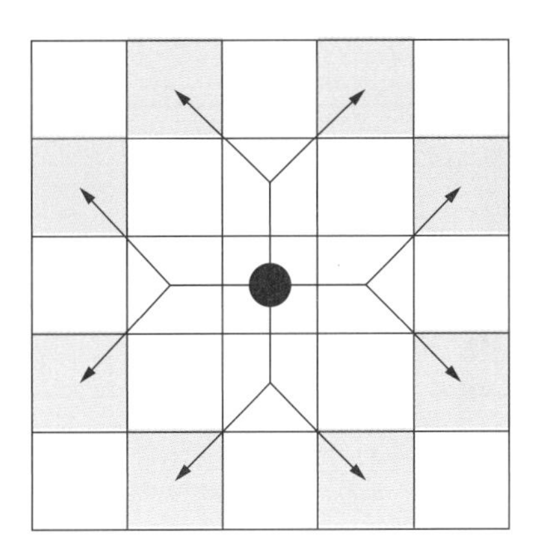

아래 그림에서 (가) 위치에 있는 나이트가 3번 이동했을 때, 나이트가 한 번도 도착할 수 없는 칸은 모두 몇 개인지 구하고, 그 이유를 서술하시오. [7점]

<table>
<tr><td></td><td></td><td></td><td></td><td></td></tr>
<tr><td></td><td></td><td></td><td></td><td></td></tr>
<tr><td></td><td></td><td></td><td></td><td></td></tr>
<tr><td></td><td></td><td></td><td></td><td></td></tr>
<tr><td></td><td></td><td></td><td></td><td>(가)</td></tr>
</table>

05 이산수학-규칙성

새로운 연산 ◎와 △는 다음과 같은 규칙으로 계산된다고 한다. 규칙에 따라 가와 나의 값을 각각 구하고, 풀이 과정을 서술하시오. [7점]

2◎3=17	2△3=13
4◎5=33	4△5=25
7◎8=57	7△8=43
9◎10=73	9△10=55

• (가◎13)◎5=439

• (나△12)△7=192

06 이산수학–논리

다음 표는 가, 나, 다, 라, 마 5개 팀이 서로 한 번씩 치룬 야구 경기의 승패를 나타낸 것이다. 경기에서 이기면 5점, 지면 2점을 얻는다고 할 때, ㉠, ㉡, ㉢, ㉣에 들어갈 알맞은 수를 구하고, 풀이 과정을 서술하시오.(단, 비기는 경기는 없다.)[7점]

팀 \ 팀	가	나	다	라	마	얻은 점수의 합
가				2		17
나					㉠	14
다	㉡	5				11
라					㉢	17
마		㉣				11

07 융합 사고력

대한민국의 모든 국민은 개개인의 신원을 구별하기 위하여 다음과 같은 규칙에 따라 서로 다른 주민번호를 부여받게 된다. 다음 물음에 답하시오.

주민등록번호 구성에서 1~12번째 자리까지는 생년월일, 성별, 임의번호, 출생순서로 자동으로 부여받게 된다.

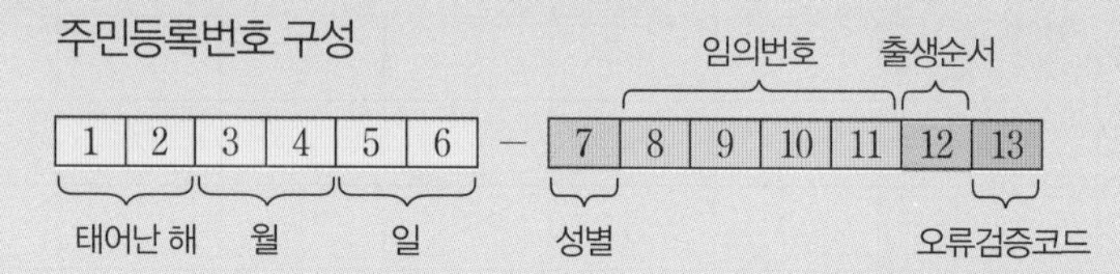

마지막 13번째 자리는 주민등록번호가 정확한지 아닌지를 검증하기 위한 오류검증코드로, 이 코드는 아래와 같은 원리로 결정된다.

주민번호가 450123−123459□일 경우,

❶ 1~12번째 자리 숫자에 순서대로 2, 3, 4, 5, 6, 7, 8, 9, 2, 3, 4, 5를 곱해서 더한다.

❷ 더한 값을 11로 나누어 몫과 나머지를 구한다.

❸ 11에서 나머지를 뺀 값이 오류검증코드가 된다. 즉, 170÷11=15⋯5에서 11−5=6이므로 오류검증코드는 6이다.

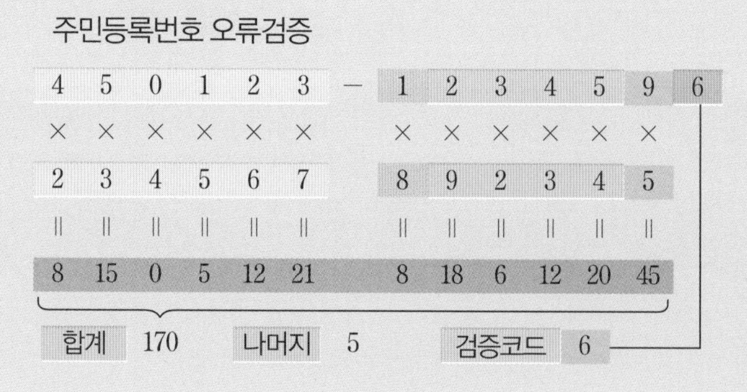

(1) 간보기씨는 2011년 10월 15일에 태어났고, 남자(성별코드 3)이다. 임의번호는 1345, 출생지에서 3번째 태어난 간씨 성을 가진 사람으로 출생순서는 3번이 되었다. 간보기씨의 주민등록번호의 오류검증코드를 구하고, 풀이 과정을 서술하시오. [3점]

(2) 오류검증코드를 활용하면 주민등록번호가 진짜인지 가짜인지 알 수가 있다는 것을 알게 된 영재는 〈주민등록번호 검사 프로그램〉을 만든 다음, 오류가 있는지 없는지 확인하기 위해서 친구들에게 주민등록번호를 입력하도록 하였다. 친구들이 아래와 같이 주민등록번호를 입력했을 때 가짜 주민등록번호를 입력한 친구가 누구인지 모두 찾고, 풀이 과정을 서술하시오. [5점]

이름	주민등록번호
이하나	110929－4112525
김준원	111125－3102426
안소연	111027－4122411
김수현	110526－3102453

08 컴퓨팅 사고력-순서도와 알고리즘

수를 입력하면 주어진 조건에 따라 A, B, C, D의 4곳 중 한 곳으로 수를 분류하는 순서도이다. 1~50까지 수를 입력하였을 때, A, B, C, D로 분류된 수의 개수는 각각 몇 개인지 구하고, 풀이 과정을 서술하시오. [7점]

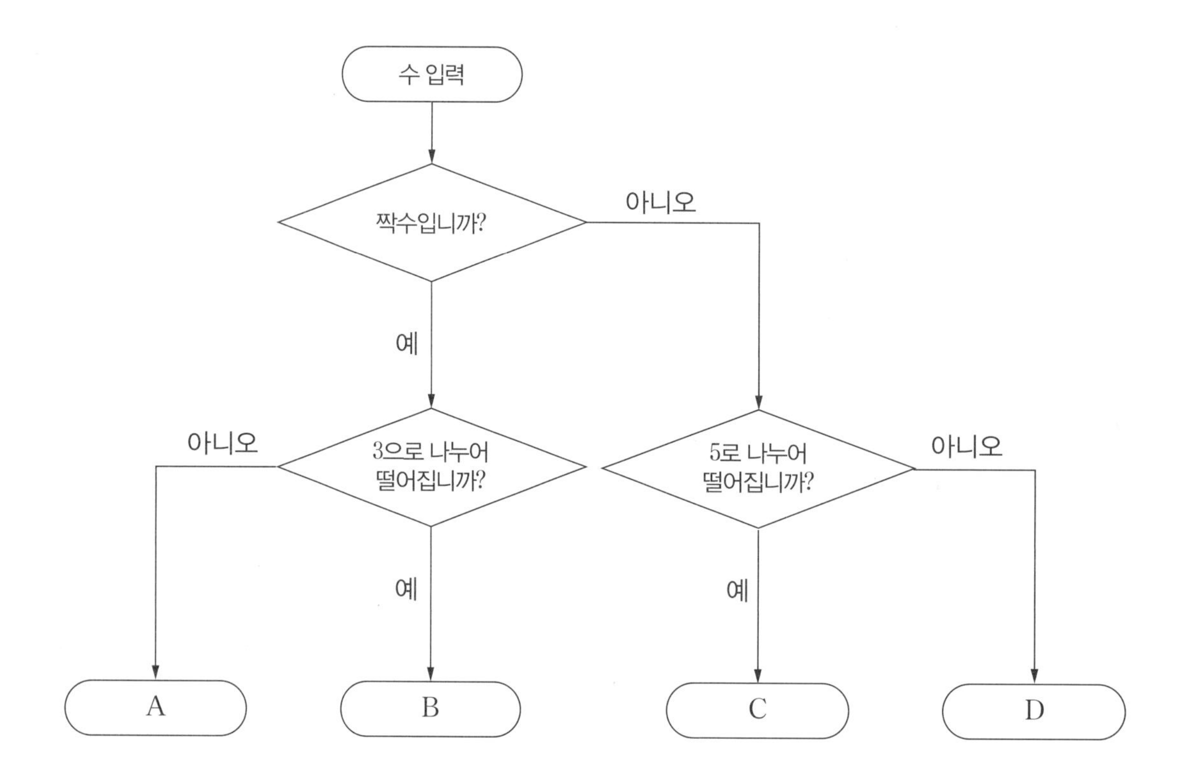

09 컴퓨팅 사고력-코딩과 프로그래밍

두 사람 A와 B는 4 이상의 자연수 N을 정한 후, 다음과 같은 게임을 하고 있다. A와 B가 N을 정하여 게임을 시작하려고 할 때, A가 어떤 수를 외치더라도 B가 항상 이기는 방법이 가능한 N의 최댓값을 구하고, 풀이 과정을 서술하시오.(단, N은 50 이하의 자연수이다.) [7점]

❶ A는 1부터 시작하여 1개에서 3개까지의 연속된 자연수를 외친다.
❷ B는 A가 부른 수의 다음 자연수부터 시작하여 1개에서 3개까지의 연속된 자연수를 외친다.
❸ 다시 A는 B가 부른 수의 다음 자연수부터 시작하여 1개에서 3개까지의 연속된 자연수를 외친다.
❹ ❷와 ❸을 반복하다 누구든지 N을 외치면 게임이 종료되며 승자가 된다.

예를 들면, N=15일 때에 A가 외친 수들을 ( ) 안에, B가 외친 수들을 [ ] 안에 써서 표시하면 가능한 경우 중 하나는
(1, 2, 3)-[4, 5]-(6)-[7, 8]-(9, 10, 11)-[12, 13, 14]-(15)
로 A가 15를 외쳤으므로 A가 승자가 된다.

10 컴퓨팅 사고력-코딩과 프로그래밍

다음은 자동차가 출발한 후 3개의 화살표 버튼 ◀, ▲, ▶ 만을 이용하여 목적지까지 도착하도록 하는 '자동차 운전 게임'이다.

◀: 제자리에서 왼쪽으로 90도 돌기
▲: 앞으로 한 칸 전진
▶: 제자리에서 오른쪽으로 90도 돌기

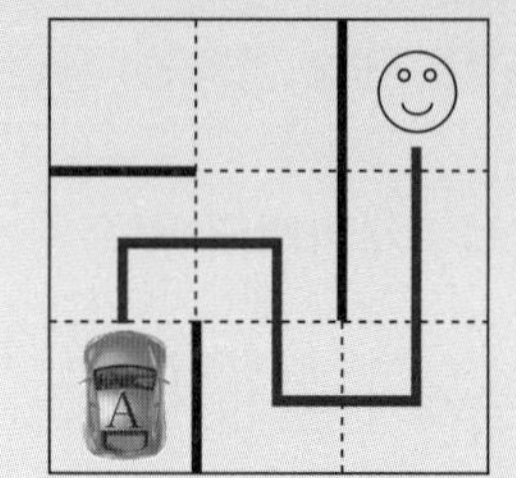

▲ ▶ ▲ ▶ ▲ ◀ ▲ ◀ ▲ ▲

⇨ 자동차 A는 이와 같이 총 10번의 버튼을 눌러야 목적지에 도착할 수 있다.

자동차 A가 출발하여 가장 빠른 방법으로 4개의 목적지에 각각 도착하려고 한다. 이동 경로를 표시하고 목적지에 도착하기 위해서 각각 몇 번의 버튼을 눌러야 하는지 구하시오. [7점]

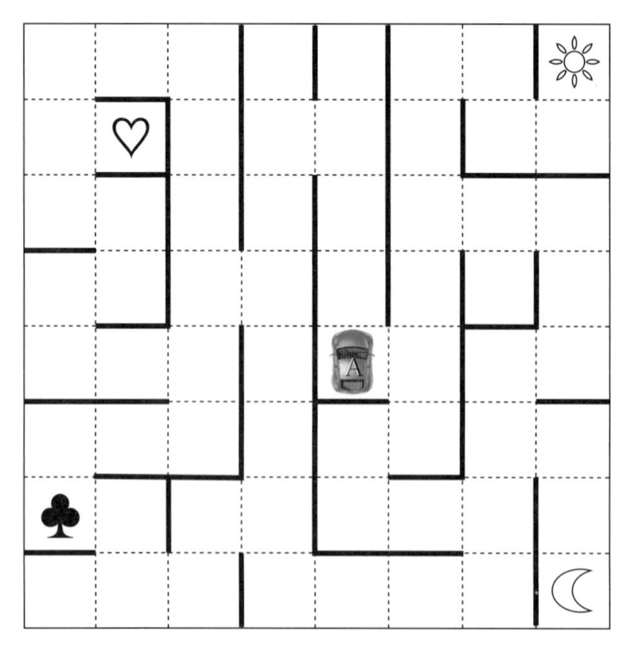

☾ : (　　), ☼ : (　　), ♡ : (　　), ♣ : (　　)

11 컴퓨팅 사고력-하드웨어와 소프트웨어

다음은 소리감지센서에 대한 설명이다.

소리감지센서(사운드센서)는 소리의 크기를 측정하여 나타내는 장치로 보통 1~1023 사이의 값으로 소리의 크기를 나타낸다.
이 센서를 이용하여 경보장치를 만들 수 있는데, 센서가 감지할 수 있는 거리와 센서가 벽 뒤는 감지할 수 없음을 보여주는 것을 그림으로 나타내면 다음과 같다.(단, ☆는 소리감지센서의 위치를 나타낸다.)

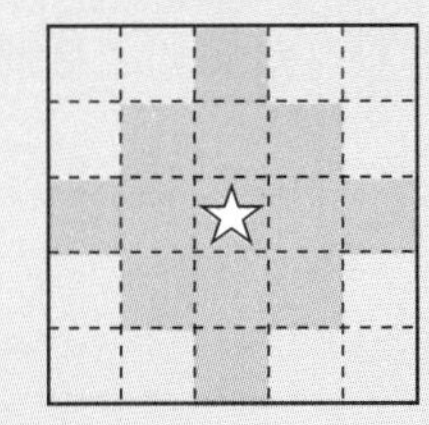

〈소리를 감지할 수 있는 영역〉

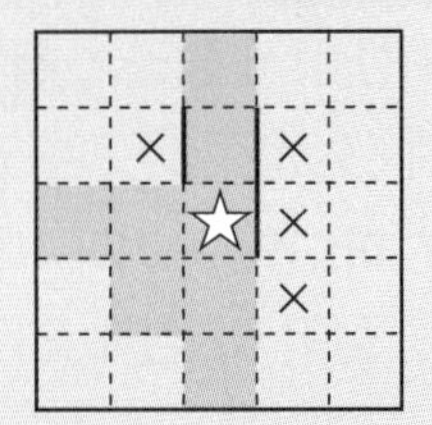

〈벽이 있을 경우 벽 뒤와 대각선 방향의 소리를 감지하지 못함〉

다음과 같은 공간을 모두 감지하는 데 필요한 소리감지센서의 최소 개수는 몇 개인지 구하고, 소리감지센서의 위치를 ☆로 표시하시오. [7점]

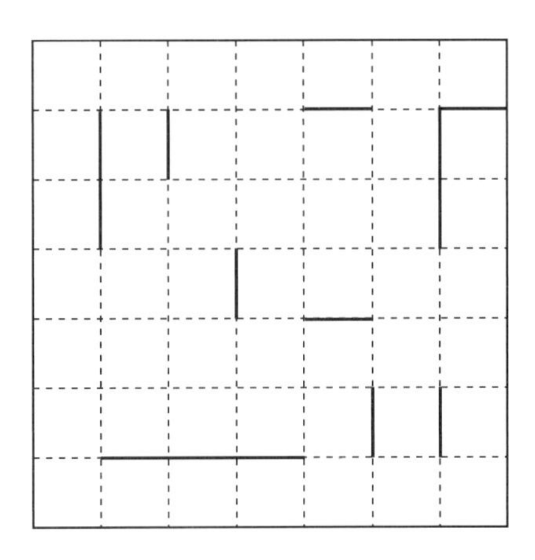

12 컴퓨팅 사고력-자료와 데이터

다음 설명과 같이 지형분석연구소에서 인공위성으로 사진을 촬영하였을 때 3차원(3D)으로 높이가 얼마인지 알 수 있는 기술을 개발하였다.

⇨ 1311225145223818 ⇨

1	3	1	1
2	2	5	1
4	5	2	2
3	8	1	8

❶ 인공위성 사진 촬영 ❷ 높이를 데이터로 변환 ❸ 정사각형 모양으로 배열

[섬의 개수 판단]
- 높이 1, 2, 3은 파도의 높이에 따라 높낮이가 변하는 바다로 판단한다.
- 높이 4 이상은 섬이고, 섬에 인접한 높이 3은 섬으로 판단한다.(단, 대각선으로 접해있는 섬도 인접한 섬이라고 생각한다.)
- 대각선으로 접한 섬은 하나의 섬으로 한다.

위 예시에서 섬은 2개이고, 모든 섬의 면적의 합은 6+1=7이다.

이 기술을 이용하여 바다에서 섬의 개수를 자동으로 계산하는 과정이 다음과 같을 때, 주어진 데이터를 배열하여 섬의 개수와 모든 섬의 면적의 합을 구하시오. [7점]

3212131325134112122224561333235174131121312234233

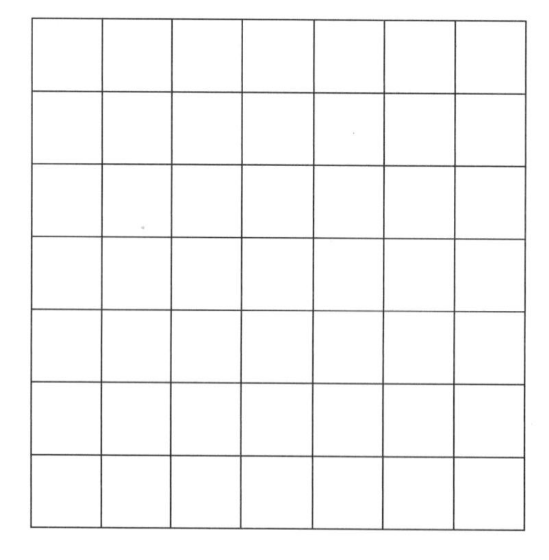

13 컴퓨팅 사고력–정보보안과 정보윤리

다음은 게임 셧다운 제도에 대한 설명이다. 이 제도에 찬성 또는 반대의 입장을 정하고, 자신의 주장에 대한 근거를 2가지 서술하시오. [7점]

게임 셧다운 제도는 일정 시간이 넘으면 온라인 게임 화면에 경고문이 뜨면서 성인 인증을 받지 않은 계정의 접속을 차단하는 것으로, 2011년 청소년 보호를 위해 여성가족부가 도입했다. 이 제도는 16세 미만 청소년이 밤 12시부터 다음날 오전 6시까지 온라인 게임에 접속할 수 없도록 하여 청소년의 게임 과몰입(중독)을 막고자 하는 것이다.

14 융합 사고력

다음을 읽고 물음에 답하시오.

스택(Stack)은 '쌓아올린 더미'라는 뜻을 가진 말로, 한쪽으로만 쌓고 내보낼 수 있는 자료 구조를 뜻한다. 하나의 입구로 공이 들어오고 나가도록 만든 통을 스택 구조, 공을 자료라고 할 수 있다. 이때, 공을 쌓는 것을 푸시(Push), 공을 꺼내는 것을 팝(Pop)이라고 한다.

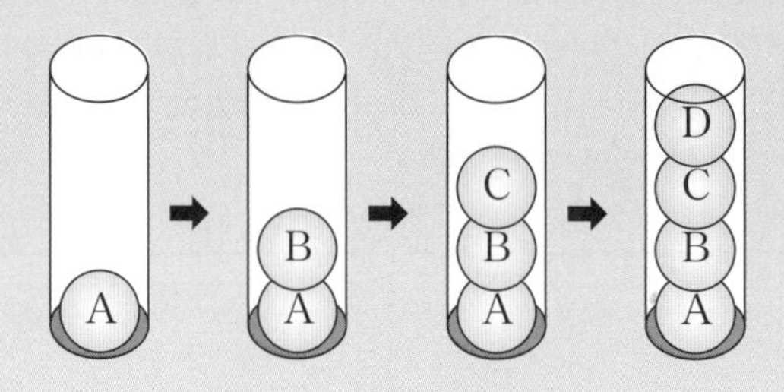

(1) 밑면이 막힌 원통에 A, B, C, D의 4개의 공을 순서대로 넣었다가 다시 꺼내려고 한다. 공을 넣는 순서와 꺼내는 순서를 쓰시오. [3점]

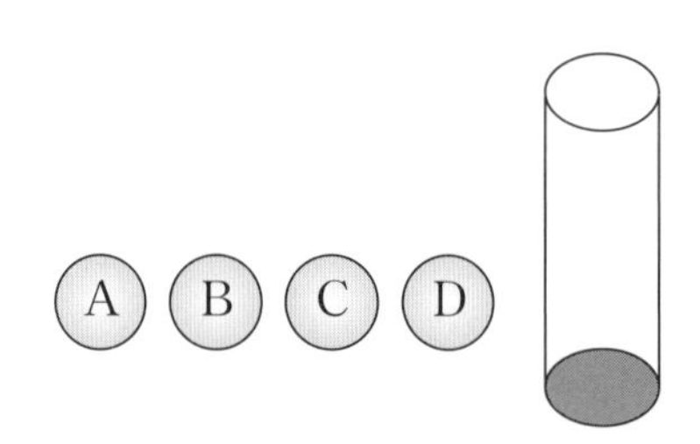

① 공을 넣는 순서:

② 공을 꺼내는 순서:

(2) 원통에 공을 넣는 명령을 푸시(Push), 공을 꺼내는 명령을 팝(Pop)이라고 하자. 밑면이 막힌 빈 원통에 A, B, C, D의 4개의 공은 A부터 순서대로 들어가야 하고, 팝이 된 공은 다시 원통으로 들어갈 수 없다고 한다. 다음과 같은 순서로 명령이 진행되었을 때, 팝이 되는 공을 순서대로 쓰시오. [5점]

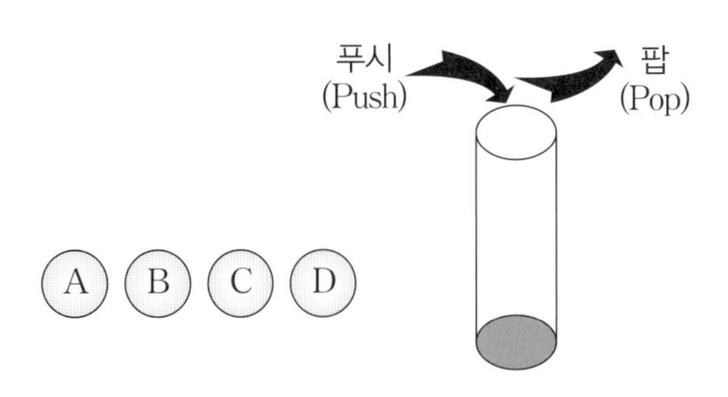

Push → Push → Pop → Push → Pop → Pop → Push → Pop

MEMO
Uranus
Neptune
Venus
Jupiter
Saturn
Earth
Pluto
Always with you

교육청 · 대학부설 영재교육원 · 각종 경시대회
정보영재 + 로봇영재 완벽 대비

안쌤 영재교육연구소 학습 자료실
샘플 강의와 정오표 등 여러 가지 학습 자료를 확인하세요~!

SW 정보영재 영재성 검사

창의적 문제해결력 모의고사

초등 5~중등 1학년

[정답 및 해설]

이 책의 차례

본책 문제편

책 속의 책 해설편

영재성검사
SW
정보영재
모의고사
평가가이드
1 문항 구성 및 채점표
2 문항별 채점기준

SW 정보영재 평가가이드

문항 구성 및 채점표

평가 영역 / 문항	창의성	이산수학	컴퓨팅 사고력	융합 사고력	
	유창성			문제 파악 능력	문제 해결 능력
1	점				
2		점			
3		점			
4		점			
5		점			
6		점			
7				점	점
8			점		
9			점		
10			점		
11			점		
12			점		
13			점		
14				점	점

평가 영역별 점수	창의성	이산수학	컴퓨팅 사고력	문제 파악 능력	문제 해결 능력
	/ 7점	/ 35점	/ 42점	융합 사고력 / 16점	
			총점	점	

평가결과에 대한 학습 방향

영역	기준	학습 방향
창의성	6점 이상	흔하지 않은 독창적인 아이디어를 찾는 연습을 하세요.
	6점 미만	더욱 다양한 아이디어를 찾는 연습을 하세요.
이산수학	27점 이상	다양한 문제를 접해 실력을 다지세요.
	27점 미만	틀린 문제와 관련된 개념을 확인하고 답안을 작성하는 연습을 하세요.
컴퓨팅 사고력	35점 이상	프로그래밍 언어나 자신의 관심 분야에 더 집중해 보세요.
	35점 미만	틀린 문제를 바탕으로 약한 분야에 대한 내용을 공부하세요.
융합 사고력	13점 이상	다양한 아이디어나 자신의 생각을 답안으로 정리해 보세요.
	13점 미만	문제의 의도나 자료를 꼼꼼하게 살펴보고 답안을 작성하는 연습을 하세요.

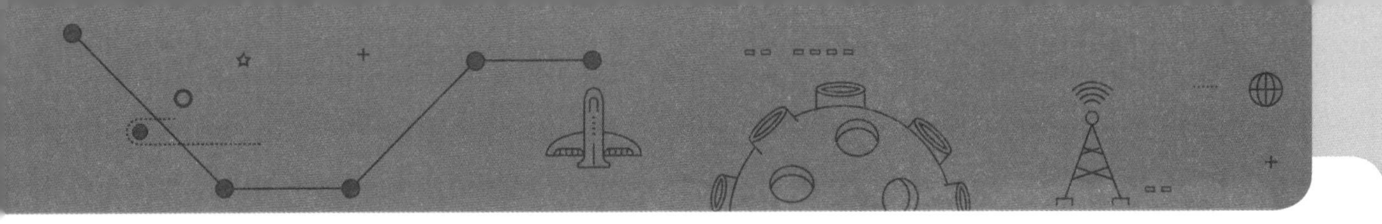

01 일반 창의성

평가 영역	일반 창의성
사고 영역	유창성

예시답안

- 농업이 중요한 산업으로 다시 주목받을 것이다.
- 화석연료를 생산하던 부유한 나라들이 가난해질 것이다.
- 무공해 연료를 사용하게 되면서 환경오염이 줄어들 것이다.
- 식물성 기름을 생산하는 데 필요한 콩, 유채 등의 가격이 오를 것이다.
- 식량 대신 연료를 생산하는 데 농경지를 사용하게 되어 식량이 부족해 질 것이다.
- 폐식물기름을 처리하는 데 돈을 내야 하는 것이 아니라 폐식물기름을 팔 수 있게 될 것이다.

채점기준 총체적 채점

유창성(7점): 적절한 아이디어의 수

⋯› 바이오 디젤의 사용으로 생길 수 있는 영향으로 적절한 경우 1개의 아이디어로 평가한다.

⋯› 적절한 아이디어라고 여겨지는 것의 수를 세어 다음 기준에 따라 점수를 부여한다.

아이디어의 수	점수
1개	1점
2개	2점
3개	3점
4개	5점
5개	7점

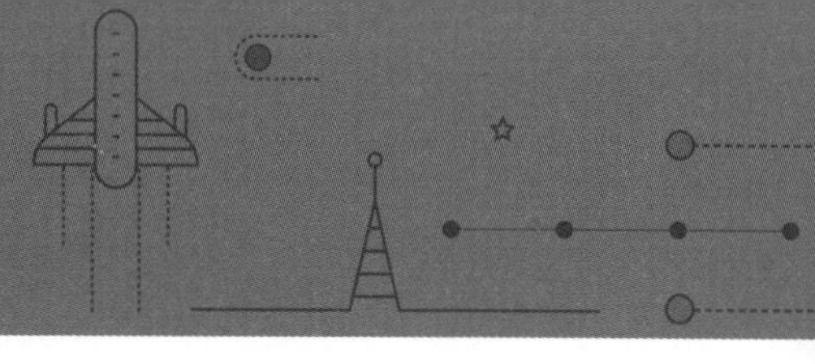

02 이산수학

평가 영역	이산수학
사고 영역	확률과 통계

모범답안

39개

풀 이

문제의 조건은 반드시 9개의 같은 색 구슬을 꺼내야 하는 것이므로 가장 운이 없는 경우를 기준으로 문제를 해결한다.

가장 운이 없는 경우는 7개의 흰색 구슬, 7개의 초록색 구슬, 8개의 노란색 구슬, 8개의 파란색 구슬, 8개의 빨간색 구슬을 먼저 꺼냈을 때이다.(단, 이 구슬들을 꺼내는 순서는 상관없다.) 이후 남은 구슬인 2개의 빨간색 구슬과 1개의 파란색 구슬 중 어떤 구슬을 꺼내더라도 같은 색 구슬 9개가 된다.

따라서 같은 색 구슬을 반드시 9개 이상 꺼내려면 꺼내야 하는 구슬은 적어도

$7+7+8+8+8+1=39$(개)이다.

채점기준 요소별 채점

이산수학(7점): 확률과 통계

⋯› 색깔별로 들어 있는 구슬의 개수가 다르므로 이를 고려해 문제를 해결하였으면 점수를 부여한다.

⋯› 가장 운이 좋은 경우는 빨간색 구슬이나 파란색 구슬을 연속으로 9개 꺼낼 때이지만 문제에서 반드시 9개의 같은 색 구슬을 꺼내야 한다고 했으므로 가장 운이 없는 경우를 기준으로 꺼내야 하는 구슬의 개수를 구한 경우 점수를 부여한다.

채점기준	점수
풀이 과정을 바르게 서술한 경우	4점
답을 바르게 구한 경우	3점

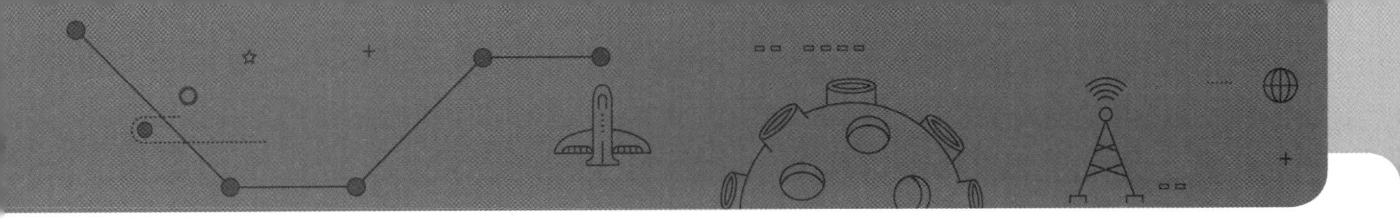

03 이산수학

평가 영역	이산수학
사고 영역	확률과 통계

모범답안

55가지

풀 이

수달이가 비타민 1개를 먹는 방법의 수는 하루에 1개를 먹는 1가지이다.
비타민 2개를 먹는 방법의 수는 1개씩 2일 동안 먹거나 하루에 2개를 먹는 2가지이다.
비타민 3개를 먹는 방법의 수는 매일 1개씩 3일 동안 먹거나 2개와 1개, 1개와 2개로 2일 동안 나누어 먹는 3가지이다.
비타민 4개를 먹는 방법의 수는 매일 1개씩 4일 동안 먹거나 2개와 1개, 1개를 3일 동안 나누어 먹거나 2개씩 2일 동안 먹는 5가지이다.
이와 같은 방법으로 하면 5개의 비타민을 먹을 수 있는 방법의 수는 8가지이다.

⋮

1가지 2가지 3가지 5가지 8가지 ⋯

즉, 비타민을 먹는 방법의 수를 나열해 보면 앞의 두 수를 더해 뒤의 수가 되는 피보나치 수열을 이루는 것을 알 수 있다.
따라서 9개의 비타민을 먹을 수 있는 방법의 수를 표로 나타내면 다음과 같다.

비타민의 개수(개)	1	2	3	4	5	6	7	8	9
먹는 방법의 수(가지)	1	2	3	5	8	13	21	34	55

그러므로 한 종류의 비타민 9개를 먹는 방법의 수는 55가지이다.

채점기준 요소별 채점

이산수학(7점): 확률과 통계
⋯▸ 비타민을 먹는 방법을 비타민의 개수를 기준으로 나누어 문제를 해결하는지 평가한다.
⋯▸ 방법의 가짓수가 늘어나는 규칙을 찾아 문제를 해결한 경우 점수를 부여한다.
⋯▸ 규칙을 이용하지 않고 일어나는 방법을 모두 구해 문제를 해결한 경우 점수를 부여하지 않는다.

채점기준	점수
비타민의 개수를 기준으로 규칙을 찾아 풀이 과정을 서술한 경우	4점
답을 바르게 구한 경우	3점

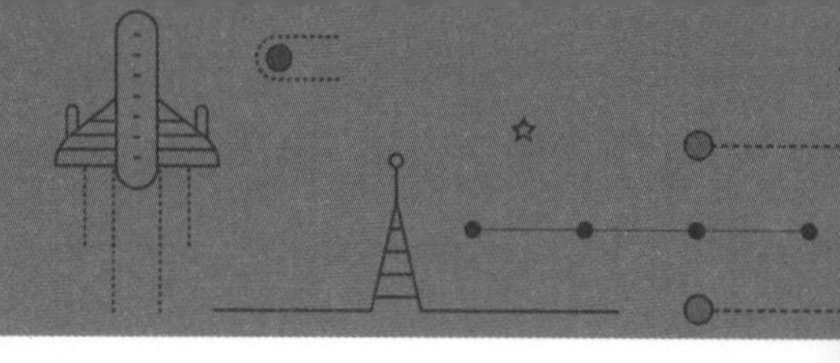

04 이산수학

평가 영역	이산수학
사고 영역	효율적인 경로와 그래프

모범답안

900가지

해 설

각각의 길이 만나는 곳까지 갈 수 있는 방법의 수를 그림으로 나타내면 다음과 같다.

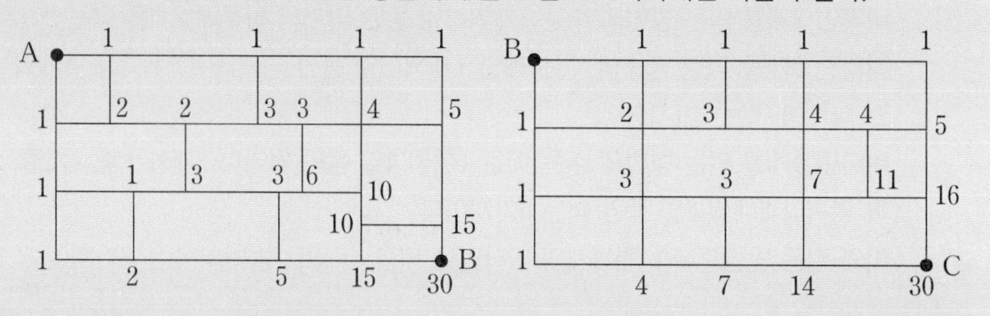

점 A에서 점 B까지 가는 가장 짧은 경로의 수는 30가지, 점 B에서 점 C까지 가는 가장 짧은 경로의 수는 30가지이다.

따라서 점 A에서 점 C까지 가는 가장 짧은 경로의 수는 모두 $30 \times 30 = 900$(가지)이다.

채점기준 요소별 채점

이산수학(7점): 효율적인 경로

⋯→ 점 A에서 점 B까지, 점 B에서 점 C까지 구분하여 최단경로를 구하는지 평가한다.

⋯→ 점 A에서 점 B까지, 점 B에서 점 C까지의 최단경로로 나눈 후 과정을 서술한 경우, 각 구간별로 바른 풀이 과정이 있다면 점수를 부여한다.

채점기준	점수
점 A에서 점 B까지의 최단경로를 바르게 구한 경우	2점
점 B에서 점 C까지의 최단경로를 바르게 구한 경우	2점
모든 최단경로를 바르게 구한 경우	3점

05 이산수학

평가 영역	이산수학
사고 영역	규칙성

모범답안

997

풀 이

자연수에서 2의 배수와 3의 배수를 제외한 나머지 수를 나열해 보면

$1, 5, 7, 11, 13, 17, 19, \cdots$

이다. 위의 수의 나열에서 규칙을 찾아보면

$3(=2\times1+1)$번째 수는 $7(=6\times1+1)$

$5(=2\times2+1)$번째 수는 $13(=6\times2+1)$

$7(=2\times3+1)$번째 수는 $19(=6\times3+1)$

$\vdots$

따라서 $333=2\times166+1$이므로 333번째 수는 $6\times166+1=997$이다.

채점기준 요소별 채점

이산수학(7점): 규칙성

⋯› 나열된 수들의 규칙성을 찾아 문제를 해결한 경우 점수를 부여한다.

⋯› 모든 수를 나열해 문제를 해결한 경우 점수를 부여하지 않는다.

채점기준	점수
수열에서 수들의 나열에 관한 규칙을 찾아낸 경우	4점
규칙을 활용해 답을 바르게 구한 경우	3점

06 이산수학

평가 영역	이산수학
사고 영역	논리

모범답안

6번, 8번, 9번

풀 이

A와 B의 답안을 비교해 보면, A와 B는 4개의 답이 같고 6개의 답이 서로 다르다.
세 사람 모두 7문제씩 맞혔으므로 A와 B가 같은 답을 쓴 4개의 문제의 답안은 맞혔고, 서로 다른 답을 쓴 6개의 문제 중에서 A와 B가 각각 3문제씩 맞혔다는 것을 알 수 있다.
따라서 A와 B가 같은 답을 쓴 1, 3, 4, 10번 문제의 정답은 각각 ×, ○, ○, ×이다.
이와 같은 방법으로 B와 C를 비교하면 2, 3, 5, 7번 문제의 정답은 각각 ×, ○, ○, ○이고, A와 C를 비교하면 3, 6, 8, 9번 문제의 정답은 각각 ○, ○, ×, ○이다.
따라서 1번부터 10번까지의 문제의 정답은 각각 다음 표와 같으므로 B가 틀린 문제는 6번, 8번, 9번이다.

문항번호	1번	2번	3번	4번	5번	6번	7번	8번	9번	10번
정답	×	×	○	○	○	○	○	×	○	×

채점기준 요소별 채점

이산수학(7점): 논리

⋯→ A와 B의 답안지 결과를 비교하여 정답을 찾은 경우 올바른 풀이로 본다.
⋯→ A와 C, B와 C의 답안지를 비교하여 풀이 과정을 서술한 경우 추가점수를 부여한다.

채점기준	점수
문제의 정답을 찾기 위한 풀이 과정을 바르게 서술한 경우	4점
답을 바르게 구한 경우	3점

07 융합 사고력

평가 영역	융합 사고력
사고 영역	문제 파악 능력, 문제 해결 능력

(1)

모범답안

1.4시간

해 설

1시간은 60분이므로 24분은 $\frac{24}{60}=\frac{4}{10}$시간, 즉 0.4시간이다.
따라서 1시간 24분은 $1+0.4=1.4$(시간)이다.

채점기준 요소별 채점

문제 파악 능력(3점)

채점기준	점수
답을 바르게 구한 경우	3점

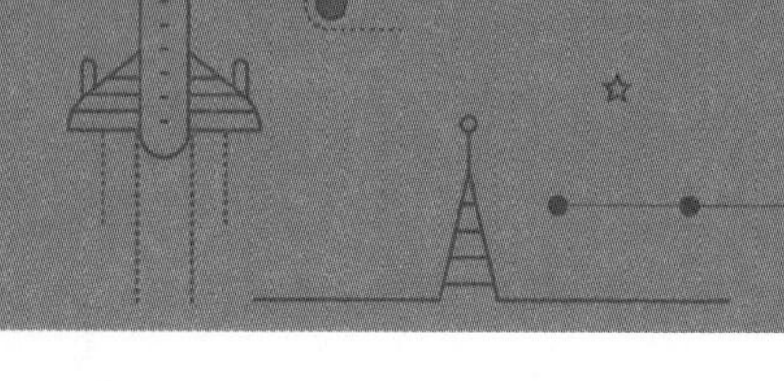

(2)

예시답안

- 인공강우를 이용해 공기 중의 미세먼지를 제거한다.
- 공기를 정화하는 나무를 많이 심어 사막화를 막는다.
- 화석연료를 대신할 수 있는 새로운 에너지를 개발한다.
- 전기에너지를 아낄 수 있는 가전제품을 만들어 사용한다.
- 쉽게 사용할 수 있고 답답하지 않는 마스크를 만들어 사용한다.
- 화력발전을 줄이고 태양광, 풍력과 같은 재생에너지를 활용한다.
- 타이어가 없는 자동차를 만들어 미세먼지가 발생하지 않도록 한다.
- 미세먼지를 제거할 수 있는 큰 공기정화장치를 만들어 곳곳에 설치한다.
- 창문에 필터 역할을 하는 망을 달아 실내로 들어오는 미세먼지를 막는다.
- 공장이나 자동차의 매연을 걸러주는 장치를 의무적으로 장착하도록 한다.
- 공사장과 같이 먼지가 많이 발생하는 곳에서 미세먼지가 날아가지 못하게 한다.
- 가까운 거리는 걷기나 자전거 타기를 하고, 대중교통을 이용하여 자동차에서 나오는 미세먼지를 줄인다.

채점기준 총체적 채점

문제 해결 능력(5점): 적절한 아이디어의 수

⋯› 미세먼지가 발생하는 원인을 해결할 수 있거나 피해를 줄일 수 있는 아이디어를 모두 정답으로 인정한다.

⋯› 같은 아이디어가 반복되는 경우 1개의 아이디어로 평가한다.

⋯› 긍정적인 아이디어만 평가한다.

⋯› 적절한 아이디어라고 여겨지는 것의 수를 세어 다음 기준에 따라 점수를 부여한다.

아이디어의 수	점수
1~3개	1점
4~5개	2점
6~7개	3점
8~9개	4점
10개	5점

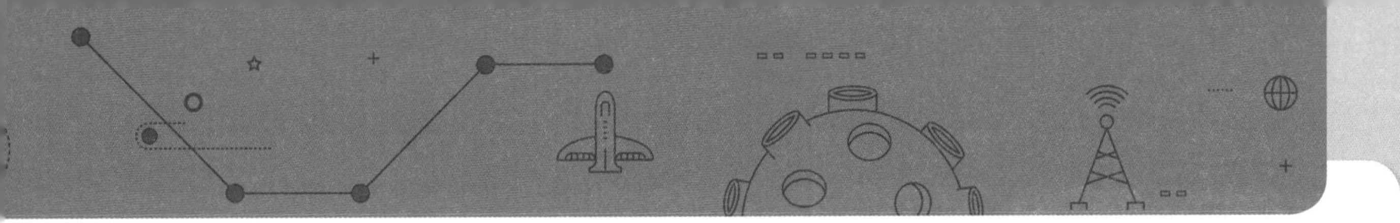

08 컴퓨팅 사고력

평가 영역	컴퓨팅 사고력
사고 영역	순서도와 알고리즘

예시답안

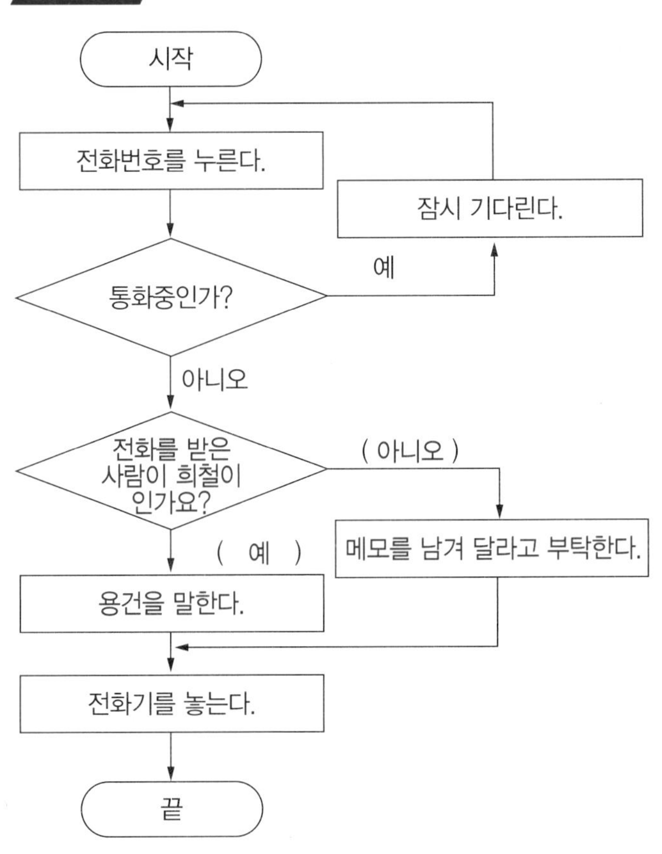

채점기준 요소별 채점

컴퓨팅 사고력(7점): 순서도와 알고리즘

⋯ 주어진 알고리즘에 맞게 순서도의 빈칸에 알맞은 내용을 작성한 경우 점수를 부여한다.

⋯ 예시답안과 같지 않아도 알고리즘에 따른 순서도의 내용이 적절하다고 평가되는 경우 점수를 부여한다.

채점기준	점수
적절한 질문을 써넣은 경우	4점
질문에 따른 대답과 그 대답에 따른 행동을 적절하게 써넣은 경우	3점

09 컴퓨팅 사고력

평가 영역	컴퓨팅 사고력
사고 영역	코딩과 프로그래밍

모범답안

종이 0

연필 100

반복 A 0 40

{선 20 A 60 A }

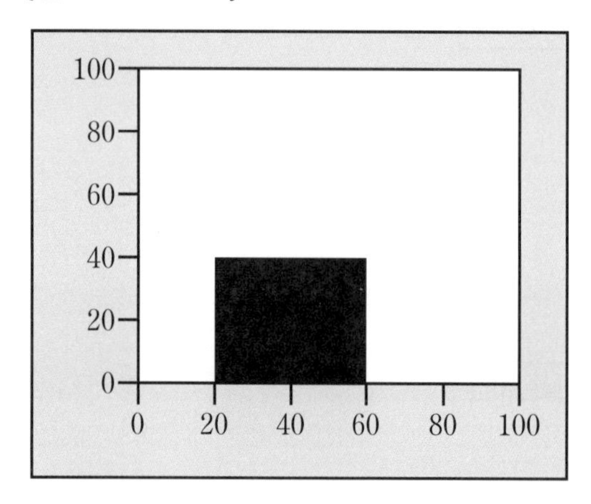

해 설

"반복" 명령 속의 '0'과 '40'의 순서는 바뀔 수 있다.(즉, "반복 A 40 0"으로 명령해도 된다.)
{선 20 A 60 A}라는 명령 속의 '20'과 '60'의 순서도 바뀔 수 있다.(즉, {선 60 A 20 A}으로 나타내도 된다.)

채점기준 요소별 채점

컴퓨팅 사고력(7점): 코딩과 프로그래밍

⋯→ '0'과 '40'은 반드시 세로축에 있어야 하고, '20'과 '60'은 가로축에 있어야 점수를 부여한다.

채점기준	점수
종이와 연필의 색을 바르게 정의한 경우	3점
반복 명령을 이용해 명령어를 적절히 나타낸 경우	4점

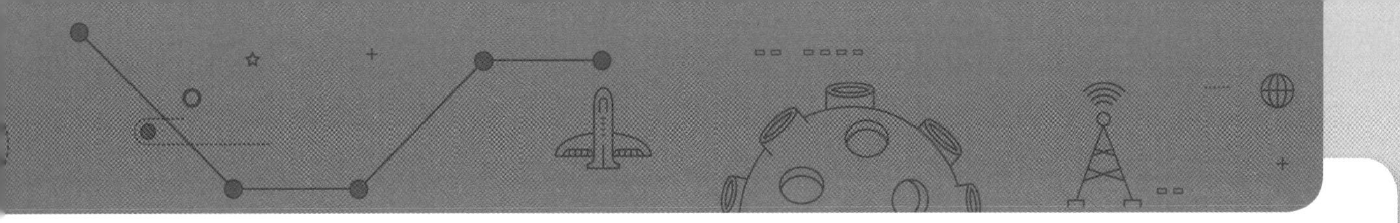

10 컴퓨팅 사고력

평가 영역	컴퓨팅 사고력
사고 영역	코딩과 프로그래밍

모범답안

가장 위에 있는 수: 15

가운데 있는 수: 7

가장 아래에 있는 수: 14

풀 이

투명 띠를 접는 과정을 순서대로 정리하면 다음과 같다.

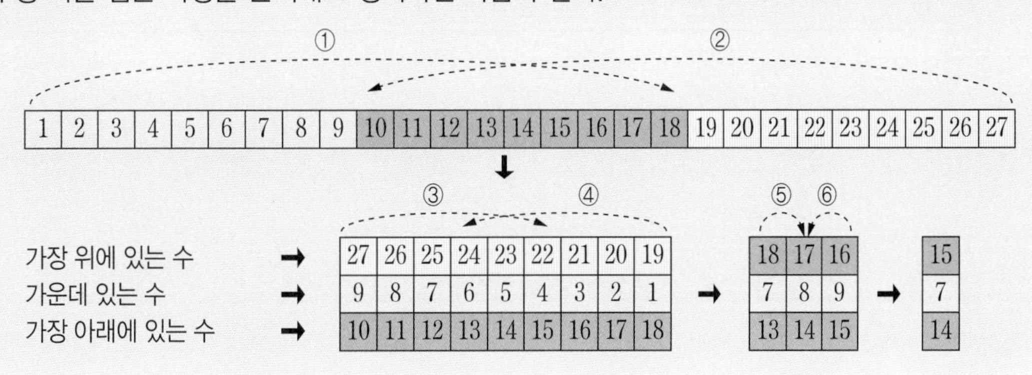

채점기준 요소별 채점

컴퓨팅 사고력(7점): 코딩과 프로그래밍

⋯➝ 주어진 조건과 순서에 맞게 투명 띠를 접는 과정을 통해 답을 찾은 경우 점수를 부여한다.

채점기준	점수
수를 구하는 방법을 적절히 서술한 경우	4점
가장 위에 있는 수를 바르게 구한 경우	1점
가운데 있는 수를 바르게 구한 경우	1점
가장 아래에 있는 수를 바르게 구한 경우	1점

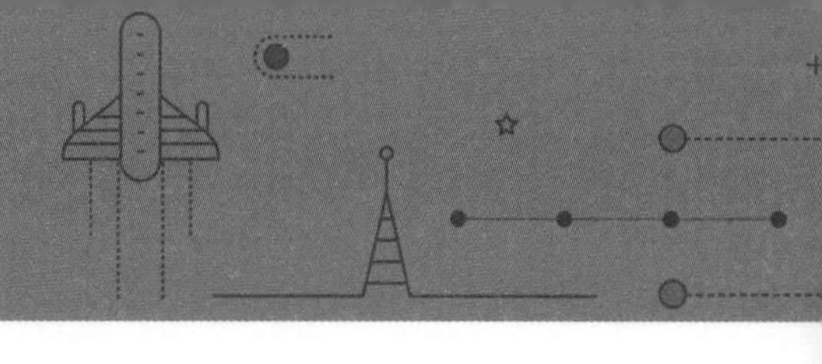

11 컴퓨팅 사고력

평가 영역	컴퓨팅 사고력
사고 영역	하드웨어와 소프트웨어

예시답안

순서	동작
❶	감지장치인 카메라를 이용하여 화성 표면의 토양을 관찰한다.
❷	㉠ 제어장치의 명령에 따라 동작장치(로봇의 바퀴)를 작동시켜 토양 채취에 적절한 곳으로 이동한다.
❸	㉡ 제어장치의 명령에 따라 동작장치(로봇 팔)를 움직여 토양을 채취한다.
❹	채취한 토양을 분석장치에 넣어 분석한다.

채점기준 총체적 채점

컴퓨팅 사고력(7점): 하드웨어

⋯› 화성 표면을 관찰한 후 토양을 채취하는 과정에서 일어날 수 있는 작동을 로봇의 기본 장치와 관련지어 설명한 경우 점수를 부여한다.

⋯› 예시답안의 내용 이외에도 로봇의 작동으로 적절하다고 판단되고 로봇의 기본 장치의 작동과 적절히 관련지은 경우 점수를 부여한다.

채점기준	점수
㉠ 또는 ㉡ 중 하나에 알맞은 내용을 써넣은 경우	3점
㉠과 ㉡ 모두 알맞은 내용을 써넣은 경우	7점

12 컴퓨팅 사고력

평가 영역	컴퓨팅 사고력
사고 영역	자료와 데이터

모범답안

9	5	3	2	6	7	1	4	8
6	7	1	5	8	4	9	3	2
2	4	8	9	1	3	7	5	6
7	1	4	6	9	2	5	8	3
5	2	9	7	3	8	4	6	1
3	8	6	4	5	1	2	9	7
4	6	7	3	2	5	8	1	9
1	9	5	8	7	6	3	2	4
8	3	2	1	4	9	6	7	5

해 설

가장 큰 정사각형의 테두리의 빈칸에 들어갈 숫자를 써넣은 후, 주어진 규칙에 맞게 빈칸을 채운다.

채점기준 요소별 채점

컴퓨팅 사고력(7점): 자료의 배열

⋯› 빈칸의 모든 숫자를 정확하게 써넣은 경우 점수를 부여한다.

채점기준	점수
답을 바르게 구한 경우	7점

13 컴퓨팅 사고력

평가 영역	컴퓨팅 사고력
사고 영역	정보보안과 정보윤리

예시답안

- 자신의 잘못을 인정하지 않고 무책임하게 대화방을 나가거나 차단하지 않는다.
- 누군가와 대화한 내용이나 사진과 같은 것을 상대방의 허락없이 다른 사람들이 볼 수 있는 곳에 게시하거나 전달하지 않는다.

풀 이

오늘날은 SNS(소셜 네트워크 서비스)시대이다. 인스타그램이나 페이스북, 트위터, 블로그, 카카오스토리, 카카오톡 등의 다양한 플랫폼은 스마트폰의 발달과 함께 많은 사람들이 이용하는 SNS이다.
SNS의 장점은 시간과 장소에 상관없이 SNS를 이용할 수 있으며, SNS를 통해 수많은 사람들과 관계를 형성하고 소통을 할 수 있다는 것이다.
SNS의 단점은 개인정보의 노출과 악용, 익명성을 활용한 악성 댓글이나 인신공격, 과도한 SNS 집착 등이 있다.

채점기준 총체적 채점

컴퓨팅 사고력(7점): 정보보안
⋯→ 문제에서 주어진 내용을 바탕으로 찾을 수 있는 바람직한 SNS 사용 예절에 대한 내용을 작성한 경우 점수를 부여한다.

아이디어의 수	점수
1개	3점
2개	7점

14 융합 사고력

평가 영역	융합 사고력
사고 영역	문제 파악 능력, 문제 해결 능력

(1)

모범답안

정기간행물이라면 7일, 정기간행물이 아니면 14일 동안 책을 빌려 볼 수 있다.

해 설

B 초등학교의 도서관의 도서는 제한, 정기간행물, 일반도서로 구분할 수 있다. 석진이는 반납일이 지난 책이 없고 제한 목록에 포함되지 않은 책을 대출한다고 했으므로 정기간행물인 경우와 정기간행물이 아닌 경우(일반도서)로 나누어 대출 기간을 정할 수 있다.

채점기준 요소별 채점

문제 파악 능력(3점)

⋯→ 정기간행물인 경우와 아닌 경우로 나누어 대출 기간을 서술한 경우 점수를 부여한다.

채점기준	점수
정기간행물 또는 정기간행물이 아닌 도서(일반도서)의 대출 기간 중 한 가지만을 바르게 서술한 경우	1점
모두 바르게 서술한 경우	2점

(2)

예시답안

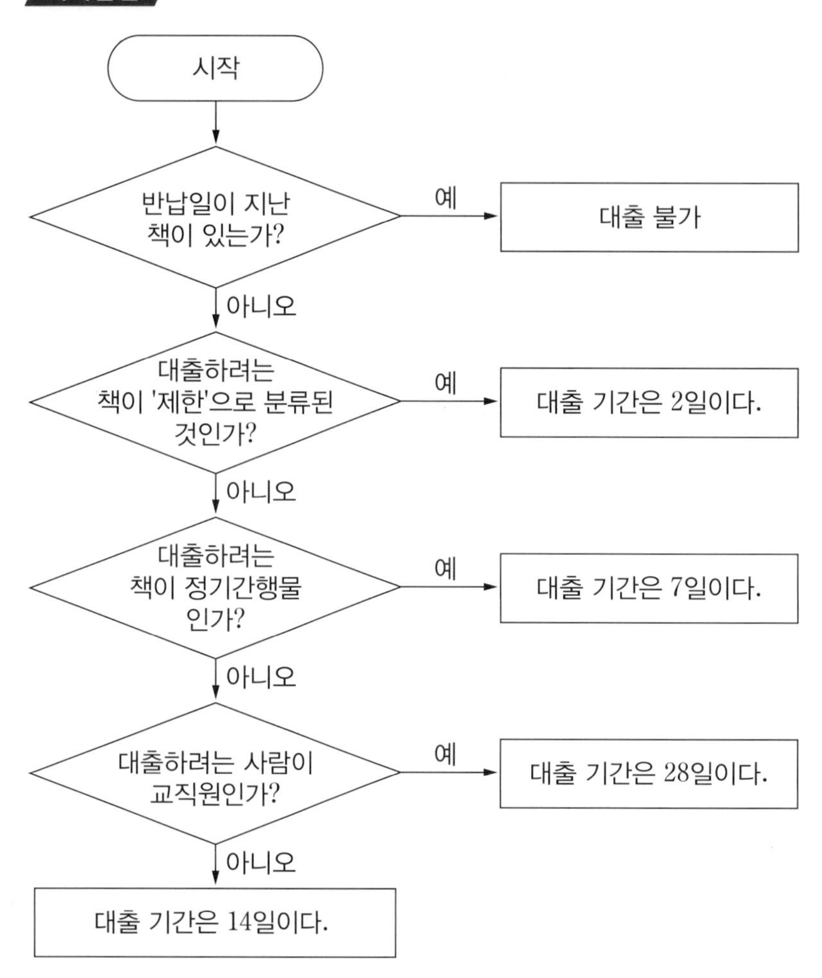

해 설

주어진 조건에 맞게 B 초등학교 도서관의 대출 기간을 결정하는 체계를 순서도로 나타내도록 한다. 도서를 대출하는 사람이 교직원이 아닌 경우에는 모두 학생으로 본다.

채점기준 요소별 채점

문제 해결 능력(5점)

⋯ 순서도의 순서에 따라 올바를 대출 기간이 정해지는 경우 점수를 부여한다.

채점기준	점수
순서도에 따라 대출을 진행할 때 모두 올바른 대출 기간이 정해지는 경우	5점

제2회 SW 정보영재 평가가이드

문항 구성 및 채점표

평가 영역 / 문항	창의성	이산수학	컴퓨팅 사고력	융합 사고력	
	유창성			문제 파악 능력	문제 해결 능력
1	점				
2		점			
3		점			
4		점			
5		점			
6		점			
7				점	점
8			점		
9			점		
10			점		
11			점		
12			점		
13			점		
14				점	점

평가 영역별 점수	창의성	이산수학	컴퓨팅 사고력	문제 파악 능력	문제 해결 능력
	/ 7점	/ 35점	/ 42점	융합 사고력 / 16점	
			총점	점	

평가결과에 대한 학습 방향

창의성	6점 이상	흔하지 않은 독창적인 아이디어를 찾는 연습을 하세요.
	6점 미만	더욱 다양한 아이디어를 찾는 연습을 하세요.
이산수학	27점 이상	다양한 문제를 접해 실력을 다지세요.
	27점 미만	틀린 문제와 관련된 개념을 확인하고 답안을 작성하는 연습을 하세요.
컴퓨팅 사고력	35점 이상	프로그래밍 언어나 자신의 관심 분야에 더 집중해 보세요.
	35점 미만	틀린 문제를 바탕으로 약한 분야에 대한 내용을 공부하세요.
융합 사고력	13점 이상	다양한 아이디어나 자신의 생각을 답안으로 정리해 보세요.
	13점 미만	문제의 의도나 자료를 꼼꼼하게 살펴보고 답안을 작성하는 연습을 하세요.

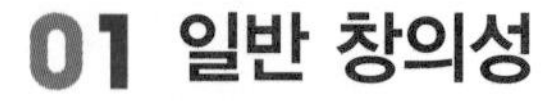

01 일반 창의성

평가 영역	일반 창의성
사고 영역	유창성

예시답안

- 휴게소에는 식당이 있다.
- 주유소와 가스충전소가 있다.
- 잠을 잘 수 있는 시설이 있다.
- 1 km 앞에 입장휴게소가 있다.
- 입장휴게소는 화물차휴게소이다.
- 15 km 앞에 그 다음 휴게소가 있다.
- 자동차를 고칠 수 있는 정비소가 있다.
- 휴게소에 있는 주유소는 알뜰 주유소이다.
- 15 km 앞에 있는 휴게소 이름은 안성휴게소이다.
- 입장휴게소와 안성휴게소 사이의 거리는 14 km이다.

채점기준 총체적 채점

유창성(7점): 적절한 아이디어의 수

⋯› 안내 표지판을 통해 알 수 있는 사실로 적절한 것을 정답으로 인정한다.

⋯› 같은 아이디어가 반복되는 경우 1개의 아이디어로 평가한다.

⋯› 적절한 아이디어라고 여겨지는 것의 수를 세어 다음 기준에 따라 점수를 부여한다.

아이디어의 수	점수
1~2개	1점
3~4개	2점
5~6개	3점
7~8개	4점
9개	5점
10개	7점

02 이산수학

평가 영역	이산수학
사고 영역	확률과 통계

모범답안

208번

풀 이

하나의 원판에 7개의 숫자가 적혀 있으므로 십의 자리 숫자가 1 커지는데 일의 자리 숫자는 7번 바뀌어야 한다.

또, 백의 자리 숫자가 1 커지는데 십의 자리 숫자가 7번 바뀌어야 한다.

즉, 백의 자리 숫자가 1 커지려면 십의 자리 숫자와 일의 자리 숫자가 모두 $7\times7=49$(번) 바뀌어야 한다.

111부터 시작하여 525까지 설정하는 데 시도한 횟수는

백의 자리 숫자를 5로 만들기 위해 $49\times4=196$(번)

십의 자리 숫자를 2로 만들기 위해 $7\times1=7$(번)

일의 자리 숫자를 5로 만들기 위해 5번

따라서 자물쇠는 $196+7+5=208$(번)만에 열린다.

채점기준 요소별 채점

이산수학(7점): 확률과 통계

⋯→ 경우의 수를 구하는 규칙을 활용해 풀이 과정을 서술한 경우 점수를 부여한다.

⋯→ 규칙을 활용하지 않고 일어나는 모든 경우를 나열하여 구한 경우 점수를 부여하지 않는다.

채점기준	점수
풀이 과정을 적절히 서술한 경우	4점
답을 바르게 구한 경우	3점

03 이산수학

평가 영역	이산수학
사고 영역	확률과 통계

예시답안

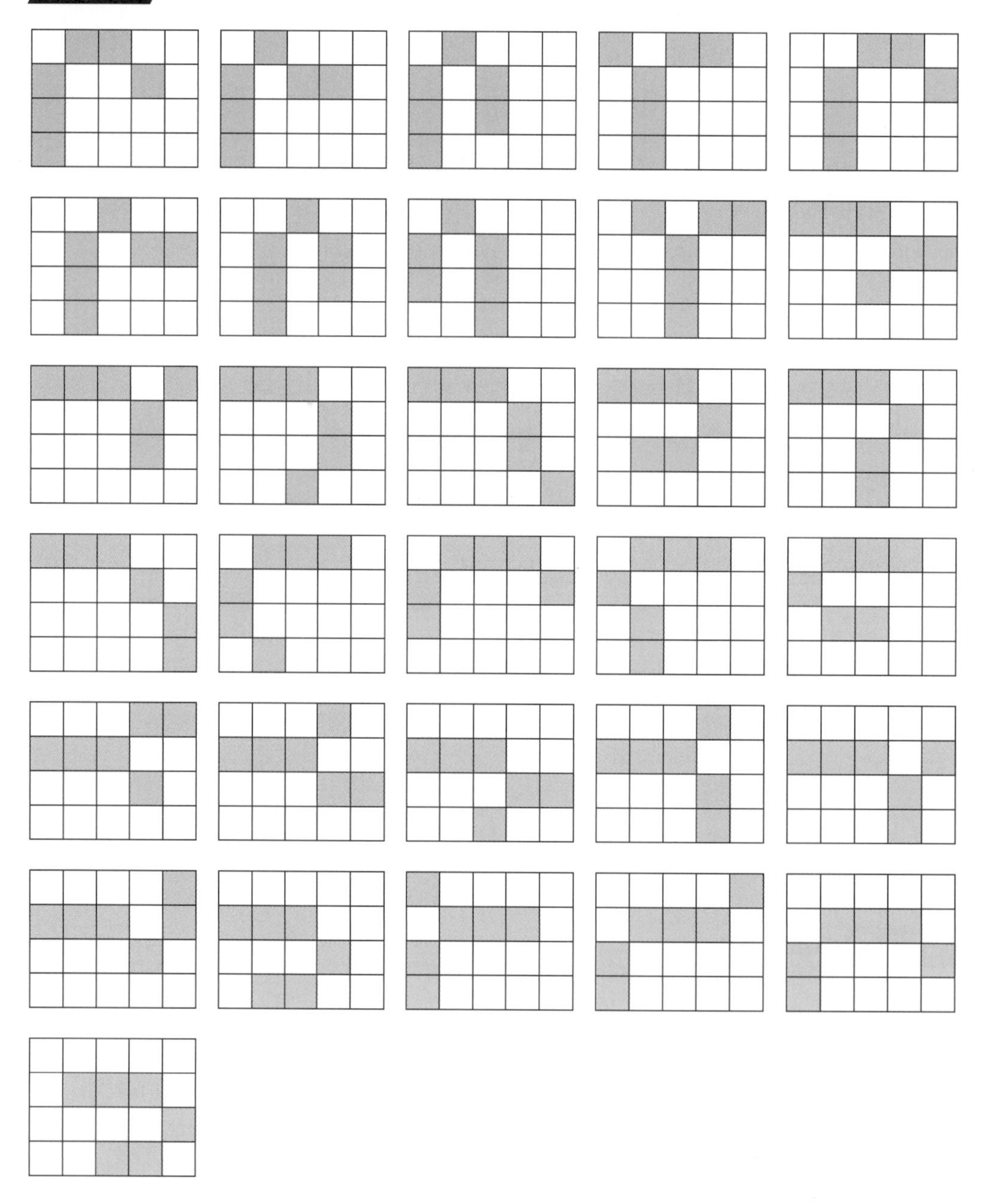

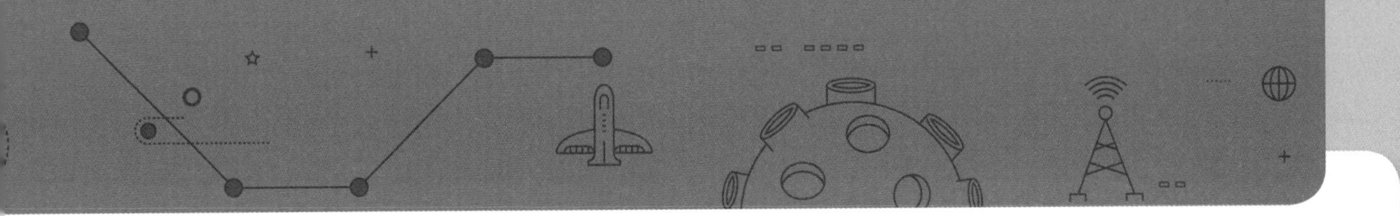

풀 이

색칠된 3칸짜리 사각형의 모양에 따라 크게 두 가지 경우(가로로 3칸, 세로로 3칸)로 나누어 생각해 보면 그릴 수 있는 가능한 경우는 모두 31가지이다.

채점기준 총체적 채점

이산수학(7점): 확률과 통계

⋯→ 가능한 경우를 바르게 그린 가짓수에 따라 점수를 부여한다.

채점기준	점수
가능한 경우를 1~7가지 그린 경우	1점
가능한 경우를 8~14가지 그린 경우	2점
가능한 경우를 15~20가지 그린 경우	3점
가능한 경우를 21~24가지 그린 경우	4점
가능한 경우를 25~27가지 그린 경우	5점
가능한 경우를 28~29가지 그린 경우	6점
가능한 경우를 30~31가지 그린 경우	7점

04 이산수학

평가 영역	이산수학
사고 영역	효율적인 경로와 그래프

모범답안

2개

이 유

한붓그리기는 종이에서 연필을 떼지 않고 모든 선분을 한 번씩만 지나며 도형을 완성하는 것이다. 이때 한 꼭짓점으로 모이는 선분의 개수를 세어 선분의 개수가 짝수인 점을 짝수점, 홀수인 점을 홀수점이라고 하자. 한붓그리기가 가능하기 위해서는 도형이 짝수점으로만 이루어져 있거나 홀수점의 개수가 2개이어야 한다. 문제에 주어진 도형은 홀수점의 개수가 6개이므로 다음과 같이 2개의 선을 추가해 홀수점의 개수가 2개가 되도록 만들면 한붓그리기가 가능하다. 따라서 두 번 이상 지나는 선분의 최소 개수는 2개이다.

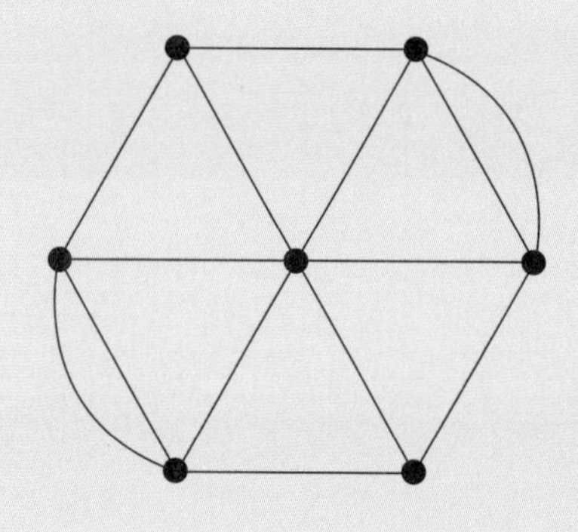

채점기준 요소별 채점

이산수학(7점): 효율적인 경로

⋯→ 새로운 선을 추가해 한붓그리기가 가능한 도형이 되도록 만들어 답을 구하면 점수를 부여한다.

⋯→ 한붓그리기가 가능한 도형의 조건을 제시한 경우 추가점수를 부여한다.

채점기준	점수
답을 바르게 구한 경우	4점
이유를 적절히 서술한 경우	3점

05 이산수학

평가 영역	이산수학
사고 영역	규칙성

모범답안

(가): 7

(나): 6 또는 12

(다): 3

풀 이

두 번째 줄의 수의 규칙은

(두 번째 줄의 수)=(첫 번째 줄의 수)+(네 번째 줄의 수)이므로

(가)$=2+5=7$, (다)$=9-6=3$

으로 구할 수 있다.

첫 번째 줄의 수와 네 번째 줄의 수는 다음 그림과 같이 두 번째 줄의 수와 세 번째 줄의 수의 차를 2개씩 대각선 위와 아래로 번갈아 써넣은 것이다.(단, 차는 큰 수에서 작은 수를 빼는 것으로 본다.)

2	4	6	4	2	6	2	4
5	9	9	7	(가)	7	5	5
1	3	(나)	2	1	5	6	2
3	5	(다)	3	5	1	3	1

따라서 $9-$(나)$=3$ 또는 (나)$-9=3$이므로 (나)가 될 수 있는 값은 6 또는 12이다.

채점기준 요소별 채점

이산수학(7점): 규칙성

⋯› 수 배열의 규칙을 적절히 설명한 경우 점수를 부여한다.

⋯› 풀이에 설명된 규칙이 아닌 경우라도 수들의 배열을 모두 설명할 수 있는 규칙이라면 점수를 부여한다.

채점기준	점수
수 배열의 규칙을 바르게 서술한 경우	4점
(가), (나), (다)의 값을 바르게 구한 경우	각 1점

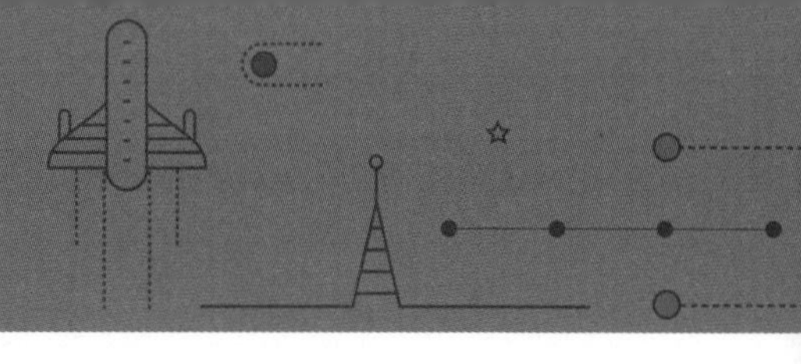

06 이산수학

평가 영역	이산수학
사고 영역	논리

모범답안

3개의 수족관이 필요하다.

풀 이

각 열대어가 잡아먹거나, 잡아먹히는 관계가 있는 경우에는 ×, 그렇지 않은 경우에는 ○로 나타내면 다음 표와 같다.

	A	B	C	D	E
A		×	×	○	×
B	×		×	×	○
C	×	×		×	×
D	○	×	×		×
E	×	○	×	×	

이 관계에 따라 같은 수족관에서 기를 수 있는 열대어는
(A와 D), (B와 E)이며 (C)는 따로 길러야 한다.
따라서 필요한 수족관의 최소 개수는 3개이다.

채점기준 요소별 채점

이산수학(7점): 논리

⋯▸ 풀이 과정을 서술하는 방법으로 표 이외의 다른 방법을 이용해도 된다. 이때 표를 사용하지 않고 열대어가 잡아먹고, 잡아먹히는 관계를 바르게 설명한 경우 점수를 부여한다.

⋯▸ 어떤 열대어끼리 함께 키울 수 있는지 서술한 경우 점수를 부여한다.

채점기준	점수
풀이 과정을 적절히 서술한 경우	3점
풀이 과정에 함께 키울 수 있는 열대어를 묶어 표현한 경우	2점
답을 바르게 구한 경우	2점

07 융합 사고력

평가 영역	융합 사고력
사고 영역	문제 파악 능력, 문제 해결 능력

(1)

모범답안

D → C → B → E → A → F → G

풀 이

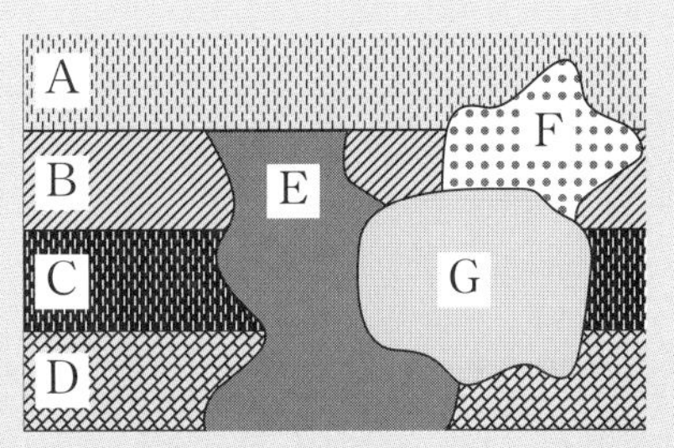

위 그림에서 D, C, B가 순서대로 쌓이고 E가 관입된 후 A가 쌓인 것을 알 수 있다.
F는 A를 관입하였으므로 A보다 늦게 만들어진 지층이다.
G는 E와 F를 모두 관입하였으므로 가장 늦게 생성된 지층이다.

채점기준 요소별 채점

문제 파악 능력(3점)

···› 모든 지층을 순서대로 바르게 나열한 경우에만 점수를 부여한다.

채점기준	점수
오래된 순서대로 바르게 나열한 경우	3점

(2)

예시답안

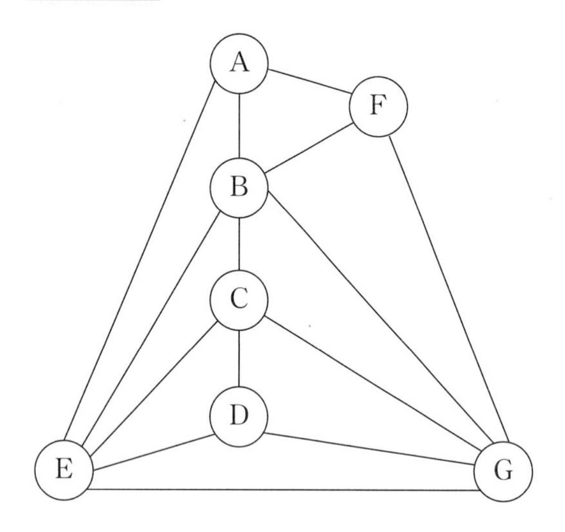

해 설

노드를 선분으로 연결해야 하므로 선분이 겹치거나 만나지 않도록 노드의 위치를 적절히 조절해야 한다. 먼저 선분과 곡선을 활용해 노드를 연결한 후 그려진 선분과 곡선이 서로 만나지 않도록 노드의 위치를 적절히 조절하여 배열하도록 한다.

채점기준 요소별 채점

문제 해결 능력(5점)

⋯▸ 노드를 연결하는 모든 선분과 곡선은 겹치거나 만나서는 안 된다.

⋯▸ 노드에 연결된 선분의 개수와 연결된 노드가 정확하다면 예시답안의 그림과 모양이 달라도 점수를 부여한다.

채점기준	점수
그림을 바르게 나타낸 경우	5점

08 컴퓨팅 사고력

평가 영역	컴퓨팅 사고력
사고 영역	순서도와 알고리즘

예시답안

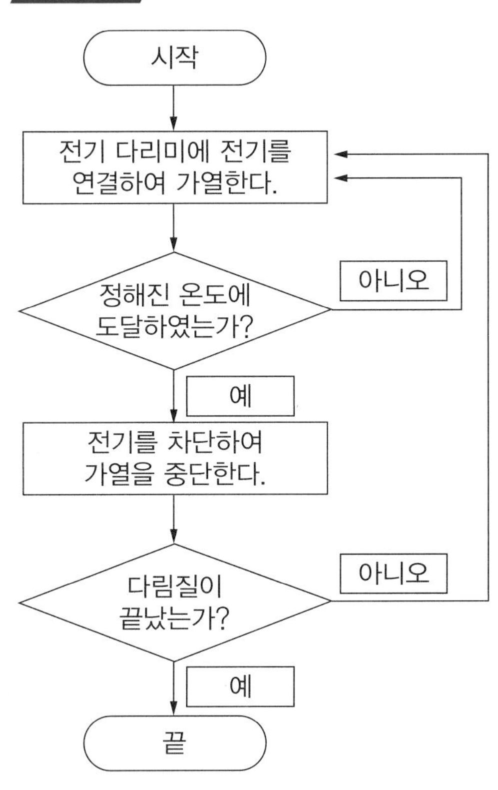

채점기준 요소별 채점

컴퓨팅 사고력(7점): 순서도와 알고리즘

- 전기 다리미가 일정한 온도를 유지하며 작동할 수 있도록 알고리즘의 순서도를 작성한 경우 점수를 부여한다.
- 전기 다리미의 작동 시작과 다림질이 끝난 후 작동 중지에 대한 내용이 들어간 경우 추가 점수를 부여한다.

채점기준	점수
전기 다리미가 일정한 온도를 유지하며 작동할 수 있도록 순서도를 적절히 완성한 경우	5점
다림질의 시작과 끝을 순서도에 반영한 경우	2점

09 컴퓨팅 사고력

평가 영역	컴퓨팅 사고력
사고 영역	코딩과 프로그래밍

모범답안 60번

풀 이

라인트레이서 A, B, C가 똑같은 운동을 반복하는 데 걸리는 시간은 각각 6초, 8초, 10초이므로 6초, 8초, 10초의 최소공배수인 120초 동안 동시에 2초간 앞으로 움직이는 횟수를 먼저 찾아낸다.(단, 동시에 3초간 앞으로 움직이는 것은 제외된다.)

스위치를 켠 후 라인트레이서 A가 뒤로 가는 시각은 3, 9, 15, 21, 27, 33, 39, 45, 51, 57, 63, 69, 75, 81, 87, 93, 99, 105, 111, 117초 후이다.

라인트레이서 B가 뒤로 가는 시각은 4, 12, 20, 28, 36, 44, 52, 60, 68, 76, 84, 92, 100, 108, 116초 후이다.

라인트레이서 C가 뒤로 가는 시각은 5, 15, 25, 35, 45, 55, 65, 75, 85, 95, 105, 115초 후이다.

라인트레이서 A, B, C가 동시에 2초간 앞으로 가는 경우는 다음 그림과 같이 두 가지 경우이다.

A			1초	2초	3초		
B	1초	2초	3초	4초			
C			1초	2초	3초	4초	5초

A			1초	2초	3초
B	1초	2초	3초	4초	
C	1초	2초	3초	4초	5초

첫 번째 경우에서 A를 기준으로 뒤로 가는 시간을 비교하면 B는 A보다 1초 먼저 뒤로 가고, C는 A보다 2초 후에 뒤로 간다. 이러한 경우를 찾으면 (A=93초, B=92초, C=95초)이다.

두 번째 경우에서 A를 기준으로 시간을 비교하면 B는 A보다 1초 먼저 뒤로 가고 C는 A와 같은 시각에 뒤로 간다. 이러한 경우를 찾으면 (A=45초, B=44초, C=45초)이다.

따라서 120초, 즉 2분 동안 동시에 2초간만 앞으로 움직이는 경우는 두 번 있으므로 60분 동안에는 2×30=60(번)이 있다.

채점기준 요소별 채점

컴퓨팅 사고력(7점): 코딩과 프로그래밍

··· 움직임이 반복되는 시간인 6초, 8초, 10초의 최소공배수를 활용한 경우 점수를 부여한다.

채점기준	점수
최소공배수를 활용하여 풀이 과정과 답을 바르게 구한 경우	7점

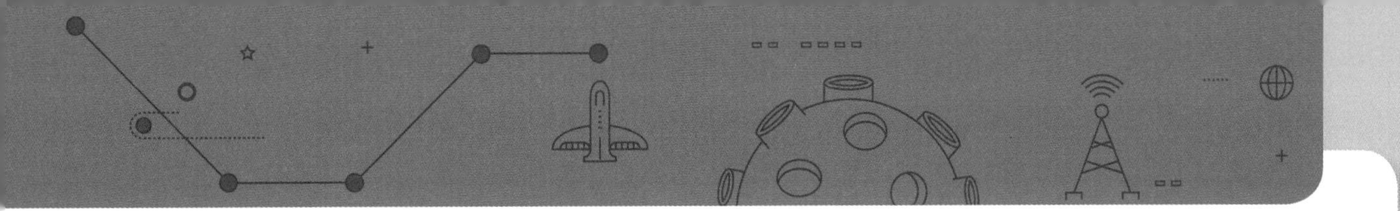

10 컴퓨팅 사고력

평가 영역	컴퓨팅 사고력
사고 영역	코딩과 프로그래밍

모범답안

(1)

```
종이 50
연필 0
선 20 20 100 100
연필 100
선 20 80 40 0
```

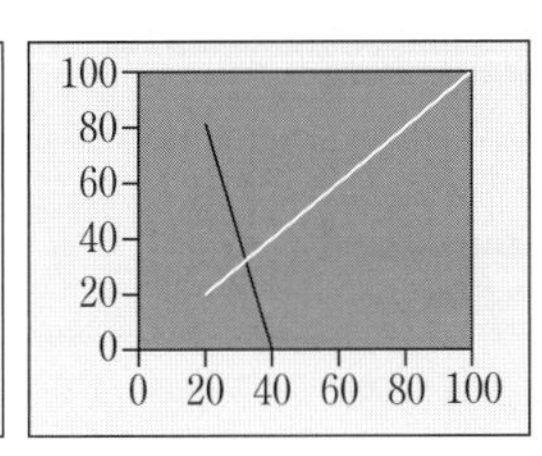

(2)

```
종이 0
연필 100
선 20 20 40 60
선 40 60 80 80
선 80 80 80 20
선 80 20 40 20
```

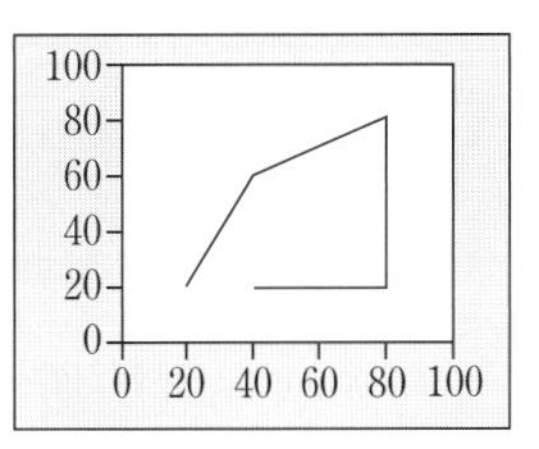

해 설

종이의 색, 선을 그릴 연필의 색을 먼저 정의한 후 선을 그릴 좌표를 순서대로 입력하면 컴퓨터 그래픽을 생성할 수 있다.
연필의 색을 바꾸고 싶을 때에는 연필의 색을 다시 정의하고 좌표를 입력한다.
선을 그리기 위한 좌표값의 순서가 바뀌어도 같은 그래픽이 생성된다.
예를 들면 '선 20 80 40 0'과 '선 40 0 20 80'은 같은 선분을 의미한다.

채점기준 요소별 채점

컴퓨팅 사고력(7점): 코딩과 프로그래밍

⋯ 선을 그리기 위한 좌표값의 순서가 모범답안과 다르게 바뀌어도 같은 선분을 의미하는 경우 점수를 부여한다.
⋯ 선을 그리기 전 종이와 연필의 색을 정의한 경우 점수를 부여한다.

채점기준	점수
종이와 연필의 색을 바르게 정의한 경우	2점
선분을 생성하는 그래픽을 명령어와 수를 이용해 바르게 서술한 경우	5점

11 컴퓨팅 사고력

평가 영역	컴퓨팅 사고력
사고 영역	하드웨어와 소프트웨어

모범답안

① 연산/제어장치	② 출력장치	③ 기억장치
④ 기억장치	⑤ 연산/제어장치	⑥ 기억장치
⑦ 출력장치	⑧ 입력장치	⑨ 입력장치, 출력장치

해 설

문제에 주어진 장치는 왼쪽 위에서부터 순서대로 CPU, 모니터, USB메모리, 하드디스크드라이브, 메인보드, 메모리(RAM), 스피커, 키보드, 헤드셋이다.

채점기준 총체적 채점

컴퓨팅 사고력(7점): 하드웨어

- 제어장치와 연산장치는 구분이 어려워 연산/제어장치로 구분한다.
- 헤드셋의 경우 헤드폰과 마이크를 결합한 것으로, 입력장치와 출력장치를 모두 서술해야 점수를 부여한다.

채점기준	점수
1~4가지를 바르게 써넣은 경우	2점
4~8가지를 바르게 써넣은 경우	5점
모두 바르게 써넣은 경우	7점

12 컴퓨팅 사고력

평가 영역	컴퓨팅 사고력
사고 영역	자료와 데이터

모범답안

단계	행동
1	가스렌지 켜기
2	소스 만들기, 물 끓이기
3	토마토 소스 넣기, 고기 넣기, 채소 넣기, 면 삶기
4	소스 완성, 면과 오일 섞기
5	스파게티 완성, 피클 꺼내기
6	먹기

해 설

각각의 행동에 진입차수(들어오는 화살표의 개수)를 구하고 진입차수가 0인 행동을 표에 써넣은 후 그 행동과 그 행동에서 나가는 화살표를 순서도에서 삭제한다. 이와 같은 과정을 순서도의 행동이 모두 삭제될 때까지 진행하여 표를 완성한다.

채점기준 요소별 채점

컴퓨팅 사고력(7점): 자료의 배열
⋯› 앞선 단계의 행동이 끝나고 난 후 다음 단계의 행동을 했는지 평가한다.
⋯› 표의 빈칸에 순서도의 행동을 단계에 맞게 모두 써넣은 경우 점수를 부여한다.

채점기준	점수
표의 빈칸을 바르게 채운 경우	7점

13 컴퓨팅 사고력

평가 영역	컴퓨팅 사고력
사고 영역	정보보안과 정보윤리

예시답안

장점

• 내가 필요한 정보를 추천받을 수 있다.
• 다른 사람들의 관심이나 성향을 가늠해 볼 수 있다.
• 방대한 정보를 직접 찾아보지 않아도 필요한 정보를 제공받을 수 있다.

단점

• 내가 원하지 않는 정보도 추천받을 수 있다.
• 내가 검색한 내용이 저장되어 활용될 수 있다.
• 다른 사람에 의해 필요 없는 정보가 제공되고 이로 인해 영향을 받을 수 있다.

해 설

인터넷 정보 제공자가 맞춤형 정보를 이용자에게 제공함으로써 이용자가 걸러진 정보만을 접하게 되는 현상을 필터버블이라고 한다.

채점기준 총체적 채점

컴퓨팅 사고력(7점): 정보보안

⋯ 추천시스템의 원리를 이해하고 장점과 단점을 적절히 서술한 것만 아이디어로 평가한다.
⋯ 적절한 아이디어라고 여겨지는 것의 수를 세어 다음 기준에 따라 점수를 부여한다.

아이디어의 수	점수
1개	1점
2개	3점
3개	5점
4개	7점

14 융합 사고력

평가 영역	융합 사고력
사고 영역	문제 파악 능력, 문제 해결 능력

(1)

모범답안

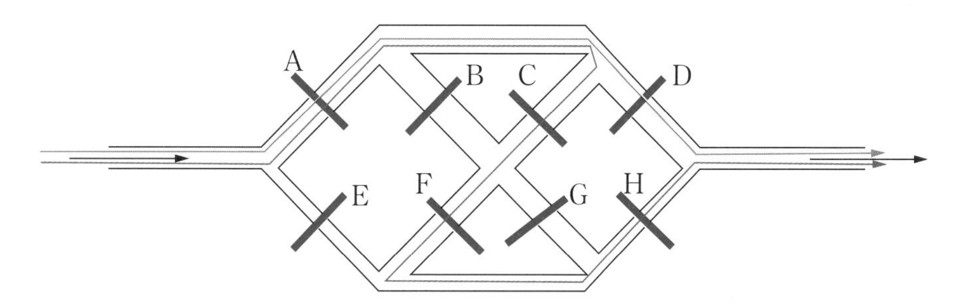

해 설

모든 수문이 정상적으로 작동하는 상태에서 주어진 표와 같이 수문의 스위치를 작동시키면 위의 그림과 같이 물이 흐를 수 있는 경로는 2가지이다.

채점기준 총체적 채점

문제 파악 능력(3점)

⋯→ 물이 흘러갈 수 있는 경로를 그림으로 바르게 나타낸 경우 다음 기준에 따라 점수를 부여한다.

채점기준	점수
물이 흘러갈 수 있는 경로를 1가지 찾은 경우	1점
물이 흘러갈 수 있는 경로를 2가지 찾은 경우	3점

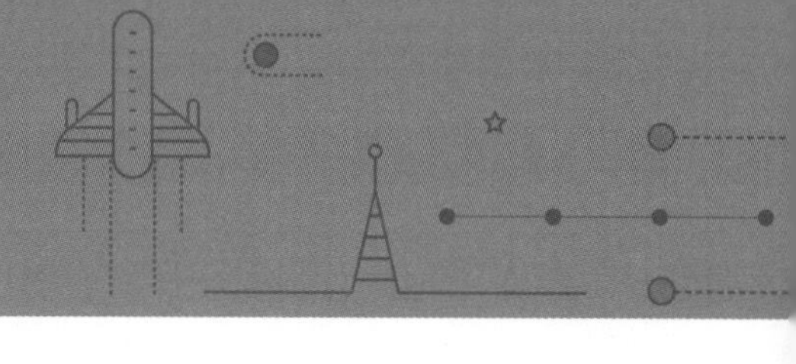

(2)

모범답안

순서대로 아니오, 예, 예

해 설

(1)의 물의 흐름에서 수문 A, D, F가 막힌 각각의 상황을 그림을 그려 나타내어 보면 물이 출구까지 흐를 수 있는지 알 수 있다.

채점기준 요소별 채점

문제 해결 능력(2점)

채점기준	점수
예 / 아니오를 모두 바르게 선택한 경우	2점

(3)

예시답안

A	B	C	D	E	F	G	H
열림	닫힘	닫힘	열림	닫힘	열림	열림	열림

해 설

수문 D가 막혀 있는지 알아보기 위해 수문 D는 반드시 열려 있어야 하고, 수문 A와 E는 둘 다 모두 닫혀 있으면 안 된다. 물이 수문 H에 도달하지 않을 경우에만 수문 H를 열어놓을 수 있다.
모든 수문을 열고 수문 H만 닫은 경우 또는 수문 H는 닫고 수문 A와 수문 D는 반드시 열어 놓은 경우도 답이 될 수 있다.

채점기준 요소별 채점

문제 해결 능력(3점)

⋯› 예시답안 이외에도 여러 가지 답안이 나올 수 있다. 문제를 해결하는 과정을 적절히 서술한 경우 점수를 부여한다.

채점기준	점수
표의 빈칸에 바르게 써넣은 경우	3점

SW 정보영재 평가가이드

문항 구성 및 채점표

평가 영역 / 문항	창의성 / 유창성	이산수학	컴퓨팅 사고력	융합 사고력	
				문제 파악 능력	문제 해결 능력
1	점				
2		점			
3		점			
4		점			
5		점			
6		점			
7				점	점
8			점		
9			점		
10			점		
11			점		
12			점		
13			점		
14				점	점

평가 영역별 점수	창의성	이산수학	컴퓨팅 사고력	문제 파악 능력	문제 해결 능력
	/ 7점	/ 35점	/ 42점		
				융합 사고력	
				/ 16점	
			총점	점	

평가결과에 대한 학습 방향

영역	점수	학습 방향
창의성	6점 이상	흔하지 않은 독창적인 아이디어를 찾는 연습을 하세요.
	6점 미만	더욱 다양한 아이디어를 찾는 연습을 하세요.
이산수학	27점 이상	다양한 문제를 접해 실력을 다지세요.
	27점 미만	틀린 문제와 관련된 개념을 확인하고 답안을 작성하는 연습을 하세요.
컴퓨팅 사고력	35점 이상	프로그래밍 언어나 자신의 관심 분야에 더 집중해 보세요.
	35점 미만	틀린 문제를 바탕으로 약한 분야에 대한 내용을 공부하세요.
융합 사고력	13점 이상	다양한 아이디어나 자신의 생각을 답안으로 정리해 보세요.
	13점 미만	문제의 의도나 자료를 꼼꼼하게 살펴보고 답안을 작성하는 연습을 하세요.

SW 정보영재 평가가이드

01 일반 창의성

평가 영역	일반 창의성
사고 영역	유창성

예시답안

- 붓으로 친구를 간지럽히는 데 사용한다.
- 붓 2개를 뒤집어 젓가락 대용으로 사용한다.
- 빗자루처럼 지우개 가루를 쓸어 담는 데 사용한다.
- 손이 닿지 않는 높은 곳의 먼지를 제거하는 데 사용한다.
- 물기를 빨아들일 수 있으므로 좁은 틈의 물기를 빨아들이는 데 사용한다.

채점기준 총체적 채점

유창성(7점): 적절한 아이디어의 수

⋯› 예시답안 이외에 붓을 다른 용도로 사용할 수 있는 아이디어는 정답으로 인정한다.

⋯› 같은 아이디어가 반복되는 경우 1개의 아이디어로 평가한다.

⋯› 적절한 아이디어라고 여겨지는 것의 수를 세어 다음 기준에 따라 점수를 부여한다.

아이디어의 수	점수
1개	1점
2개	2점
3개	3점
4개	5점
5개	7점

02 이산수학

평가 영역	이산수학
사고 영역	확률과 통계

모범답안

20가지

풀 이

(가), (나)에 쌓는 쌓기나무의 순서를 1, 2, 3, 4, 5, 6이라 하면 다음 그림과 같은 순서로 쌓을 수 있다.

(i) (가)에 먼저 1을 놓은 경우

3	6
2	5
1	4
(가)	(나)

4	6
2	5
1	3
(가)	(나)

5	6
2	4
1	3
(가)	(나)

6	5
2	4
1	3
(가)	(나)

4	6
3	5
1	2
(가)	(나)

5	6
3	4
1	2
(가)	(나)

6	5
3	4
1	2
(가)	(나)

5	6
4	3
1	2
(가)	(나)

6	5
4	3
1	2
(가)	(나)

6	4
5	3
1	2
(가)	(나)

의 10가지이다.

(ii) (나)에 먼저 1을 놓은 경우

(i)에서와 같은 방법으로 하면 쌓을 수 있는 가능한 방법은 모두 10가지이다.

따라서 가능한 방법의 수는 모두 $10+10=20$(가지)이다.

채점기준 요소별 채점

이산수학(7점): 확률과 통계

⋯→ (가)와 (나)에 먼저 놓은 경우를 구분하지 않더라도 가능한 방법을 모두 찾은 경우 점수를 부여한다.

⋯→ 풀이 과정 없이 답만 맞는 경우 점수를 부여하지 않는다.

채점기준	점수
풀이 과정을 적절히 서술한 경우	4점
답을 바르게 구한 경우	3점

03 이산수학

평가 영역	이산수학
사고 영역	확률과 통계

모범답안

75.4점

풀 이

남학생의 수학 시험의 평균 점수만 7점 올렸을 때 전체 수학 시험의 점수의 합은 $79.6\times25=1990$(점)이다.

여학생의 수학 시험의 평균 점수만 7점 올렸을 때 전체 수학 시험의 점수의 합은 $78.2\times25=1955$(점)이다.

똑같이 평균 점수를 7점씩 올렸지만 남학생의 수학 시험의 평균 점수를 올렸을 때의 전체 수학 시험의 점수의 합이 여학생의 수학 시험의 평균 점수를 올렸을 때보다 더 높으므로 남학생의 수가 더 많다.

7점씩 올린 결과 전체 수학 시험의 점수의 합이 $1990-1955=35$(점)만큼 차이가 나므로 남학생은 여학생보다 $35\div7=5$(명) 더 많다.

그러므로 남학생 수는 $(25+5)\div2=15$(명)이고, 남학생의 수학 시험의 평균 점수만 7점 더 올렸을 때의 전체 수학 시험의 점수의 합이 1990점이므로 올리지 않을 때의 전체 수학 시험의 점수의 합은 $1990-(7\times15)=1885$(점)이다.

따라서 여훈이네 반 전체 수학 시험의 평균 점수는 $1885\div25=75.4$(점)이다.

채점기준 요소별 채점

이산수학(7점): 확률과 통계

⋯→ 남학생과 여학생의 평균 점수를 올린 결과로 남학생 수 또는 여학생 수를 바르게 구한 경우 점수를 부여한다.

채점기준	점수
풀이 과정을 바르게 서술한 경우	4점
답을 바르게 구한 경우	3점

04 이산수학

평가 영역	이산수학
사고 영역	효율적인 경로와 그래프

모범답안

지날 수 없다.

이 유

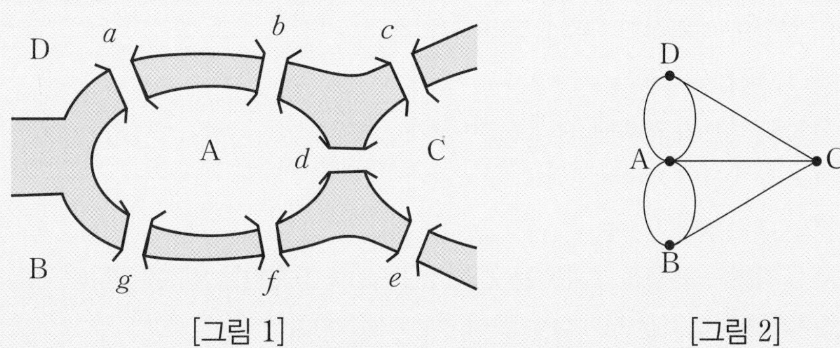

[그림 1] [그림 2]

[그림 1]의 섬과 다리의 모양을 [그림 2]와 같이 점과 선으로 간단히 나타낼 수 있다.
문제 조건인 각각의 다리들을 한 번씩 지나 모든 다리를 지나는 것은 [그림 2]에서 한붓그리기가 가능한지 알아보는 것과 같다. 한붓그리기가 가능하기 위해서 홀수점의 개수는 0개 또는 2개이어야 한다. [그림 2]는 홀수점이 4개 있으므로 한붓그리기가 불가능하다.
따라서 각각의 다리들을 한 번씩 지나 모든 다리를 건너는 것은 불가능하다.

채점기준 요소별 채점

이산수학(7점): 효율적인 경로

⋯→ 주어진 그림의 섬과 다리의 모양을 점과 선으로 나타낸 경우 점수를 부여한다.

⋯→ 이유 없이 답만 서술한 경우 점수를 부여하지 않는다.

채점기준	점수
그림을 그려 간단히 표현한 경우	4점
불가능한 이유를 서술한 경우	3점

05 이산수학

평가 영역	이산수학
사고 영역	규칙성

모범답안

십이

풀 이

도형의 모양과 대각선의 개수에 관한 규칙을 찾으면

사각형의 대각선의 개수는 $4\times1\div2=2$(개)

오각형의 대각선의 개수는 $5\times2\div2=5$(개)

육각형의 대각선의 개수는 $6\times3\div2=9$(개)

칠각형의 대각선의 개수는 $7\times4\div2=14$(개)

이므로 □각형의 대각선의 개수는 $\{\square\times(\square-3)\div2\}$개임을 알 수 있다.

즉, 정구각형의 대각선의 개수는 $9\times6\div2=27$(개)이다.

따라서 구하는 도형의 대각선의 개수는 $27\times2=54$(개)이므로

$\square\times(\square-3)\div2=54$, $\square\times(\square-3)=108$

이때 곱해서 108이 되는 두 수 중에서 차가 3인 수는 12×9이므로 구하는 도형은 정십이각형이다.

채점기준 요소별 채점

이산수학(7점): 규칙성

⋯▸ 다각형의 대각선의 개수를 구하는 방법이나 규칙을 찾아 풀이 과정을 서술한 경우 점수를 부여한다.

채점기준	점수
다각형의 대각선의 개수에 대한 규칙을 서술한 경우	4점
□에 알맞은 말을 써넣은 경우	3점

06 이산수학

평가 영역	이산수학
사고 영역	논리

모범답안

32명

풀 이

12명은 축구를 좋아하는 학생 수의 $\frac{4}{7}$와 같으므로

(축구를 좋아하는 학생 수)$\times\frac{4}{7}=12$, 즉 (축구를 좋아하는 학생 수)$=12\times\frac{7}{4}=21$(명)이다.

야구를 좋아하는 학생 수는 축구를 좋아하는 학생 수보다 2명 많다고 했으므로

(야구를 좋아하는 학생 수)$=21+2=23$(명)이다.

재형이네 반 학생 수가 가장 적으려면 축구와 야구를 좋아하지 않는 학생이 다음과 같이 0명이어야 한다.

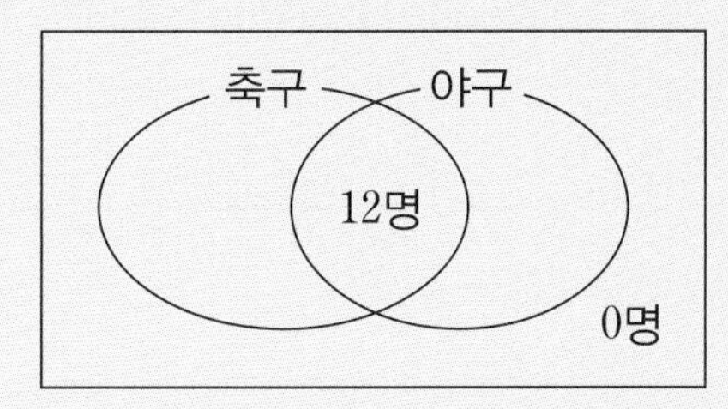

재형이네 반 학생 수는 야구를 좋아하는 학생 수와 축구를 좋아하는 학생 수의 합에서 겹치는 축구와 야구를 모두 좋아하는 학생 수를 빼서 구할 수 있다.

따라서 재형이네 반 학생 수는 최소 $21+23-12=32$(명)이다.

채점기준 요소별 채점

이산수학(7점): 논리

⋯› 풀이 과정을 식 또는 그림으로 나타내면 점수를 부여한다.

⋯› 학생 수가 최소가 되기 위한 조건을 서술한 경우 점수를 부여한다.

채점기준	점수
학생 수가 최소가 되기 위한 조건을 서술한 경우	2점
풀이 과정을 식 또는 그림으로 적절히 서술한 경우	3점
답을 바르게 구한 경우	2점

07 융합 사고력

평가 영역	융합 사고력
사고 영역	문제 파악 능력, 문제 해결 능력

(1)

모범답안

6267200개

풀 이

2016년에 소진된 등록번호의 개수는 모두 $69\times32\times9000=19872000$(개)임을 알 수 있다. 이를 이용해 새롭게 추가되는 등록번호를 구할 수 있다.
기존에 사용하지 않던 0100부터 0999까지 900개의 숫자가 추가되었으므로, 이로 인해 추가된 등록번호의 개수는 모두 $69\times32\times900=1987200$(개)이다.
또한, 회수 후 3년이 지난 4280000개의 등록번호도 재활용하기로 결정하였으므로 추가된 신규 등록번호의 개수는 모두 $1987200+4280000=6267200$(개)이다.

채점기준 요소별 채점

문제 파악 능력(3점)

⋯› 0100부터 0999까지의 번호를 추가하여 만들 수 있는 추가된 등록번호의 개수를 구한 경우 점수를 부여한다.
⋯› 회수 후 3년이 지난 428만 개의 등록번호를 더한 경우 점수를 부여한다.

채점기준	점수
0100부터 0999까지 번호를 추가하여 만들 수 있는 추가된 등록번호의 개수를 구한 경우	1점
답을 바르게 구한 경우	2점

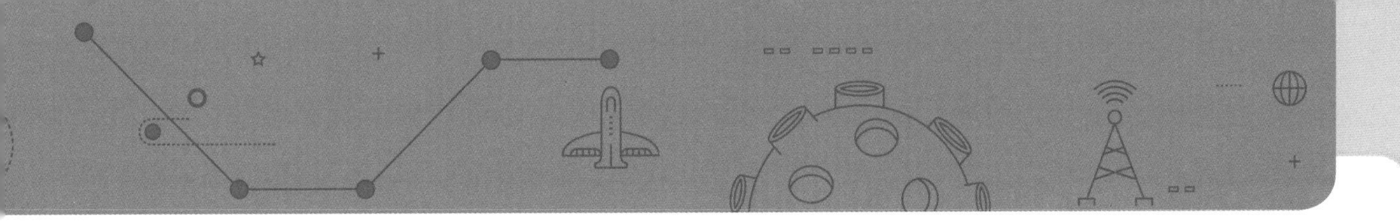

(2)

모범답안 독일

이 유

이유 1

독일은 자동차 번호판에 사용되는 알파벳과 숫자의 자릿수가 가장 많아 자동차 등록번호를 가장 많이 생성할 수 있다.

이유 2

알파벳의 개수는 26개, 숫자의 개수는 10개이므로 나라별로 만들 수 있는 자동차 등록번호의 개수를 구해 표로 나타내면 다음과 같다.

나라	자동차 등록번호의 개수를 구하는 식	자동차 등록번호의 개수(개)
네덜란드	$26\times26\times26\times26\times10\times10$	45697600
프랑스	$26\times26\times10\times10\times10\times26\times26$	456976000
독일	$26\times26\times26\times26\times10\times10\times10\times10$	4569760000
영국	$26\times26\times10\times26\times26\times26\times26$	3089157760

만약 영국의 네 번째 글자를 숫자로 보면 계산 결과는 다음과 같다.

$26\times26\times10\times10\times26\times26\times26=1188137600$

따라서 독일이 가장 많은 자동차 등록번호를 생성할 수 있다.

이유 3

나라별로 사용된 알파벳의 개수를 각각 구하면 네덜란드는 4개, 프랑스 4개, 독일 4개, 영국은 5개 또는 6개이다. 따라서 사용된 개수가 같은 알파벳 4개씩을 지우고 남는 알파벳과 숫자로 만들 수 있는 자동차 등록번호의 개수를 비교하면 독일이 가장 많은 자동차 등록번호를 생성할 수 있다.

채점기준 요소별 채점

문제 해결 능력(5점)

⋯› 이유 1을 이유로 서술한 경우 2점 감점한다.

⋯› 영국의 자동차 번호판의 네 번째 글자를 숫자 1 또는 알파벳 I로 볼 수 있지만 어떤 경우든 독일의 자동차 등록번호의 개수가 가장 많으므로 독일을 고른 경우 점수를 부여한다.

⋯› 풀이 과정 없이 나라만 고른 경우 점수를 부여하지 않는다.

채점기준	점수
이유를 적절히 서술한 경우	4점
독일을 고른 경우	1점

08 컴퓨팅 사고력

평가 영역	컴퓨팅 사고력
사고 영역	순서도와 알고리즘

예시답안

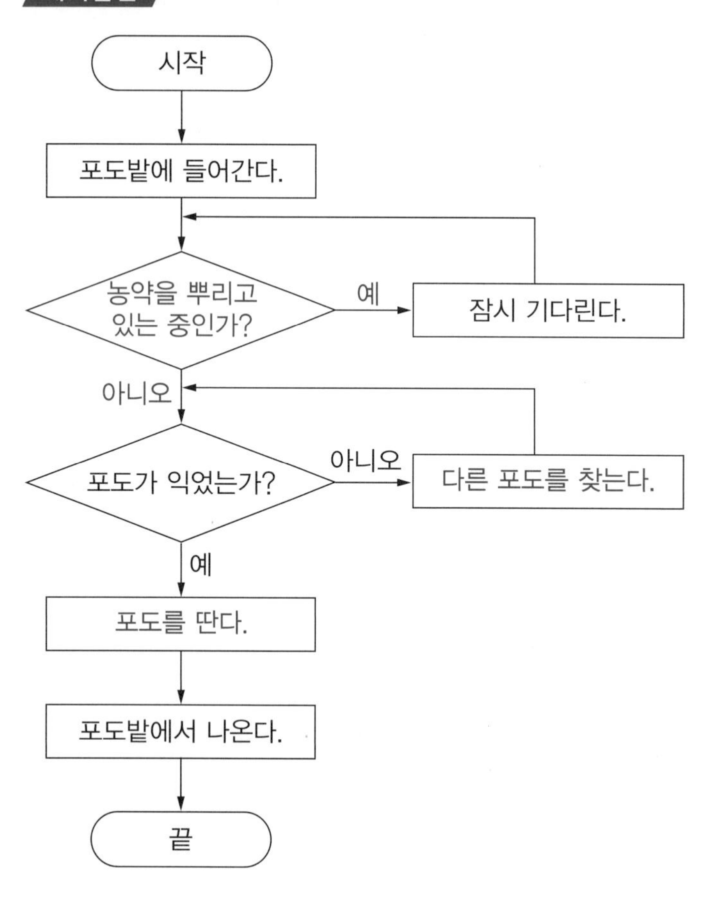

채점기준 요소별 채점

컴퓨팅 사고력(7점): 순서도와 알고리즘

⋯› 주어진 알고리즘에 맞게 순서도의 빈칸에 알맞은 내용을 작성한 경우 점수를 부여한다.

⋯› 예시답안과 같지 않아도 알고리즘에 따른 순서도의 내용이 적절하다고 평가되는 경우 점수를 부여한다.

채점기준	점수
순서도에 적절한 물음과 행동을 써넣은 경우	5점
질문에 대한 예 / 아니오를 표시한 경우	2점

09 컴퓨팅 사고력

평가 영역	컴퓨팅 사고력
사고 영역	코딩과 프로그래밍

모범답안

664개

풀 이

A관 자리에 사용되는 숫자 1은 구슬 1개를 의미한다.
B관 자리에 사용되는 숫자 1은 A관에서 아래로 떨어진 구슬 5개와 B관으로 들어간 구슬 1개를 더한 구슬 6개를 의미한다.
C관 자리에 사용되는 숫자 1은 B관에서 아래로 떨어진 구슬 5개와 C관으로 들어간 구슬 1개를 더한 구슬 6개, B관으로 1개의 구슬을 보내기 위해 A관에서 떨어진 구슬 5개와 B관으로 들어간 구슬 1개를 더한 구슬 6개가 5회 반복되므로 $6+6\times5=6\times6=36$(개)를 의미한다.
이와 같이 A, B, C, D에 사용되는 숫자 1은 각각 구슬 1개, 6개, 6×6(개), $6\times6\times6$(개)를 나타낸다.
따라서 [3024]이 될 때, 이 장치에 넣은 구슬은 모두 $6\times6\times6\times3+6\times2+4=664$(개)이다.

채점기준 요소별 채점

컴퓨팅 사고력(7점): 코딩과 프로그래밍
···› 각 자리의 수가 몇 개의 구슬을 의미하는지 장치의 원리를 파악한 경우 점수를 부여한다.
···› 6번째 구슬이 다음 자리로 넘어가므로 6진법과 같은 원리로 풀이 과정을 서술한 경우에도 점수를 부여한다.

채점기준	점수
각 자리의 수가 의미하는 구슬의 개수를 구한 경우	4점
답을 바르게 구한 경우	3점

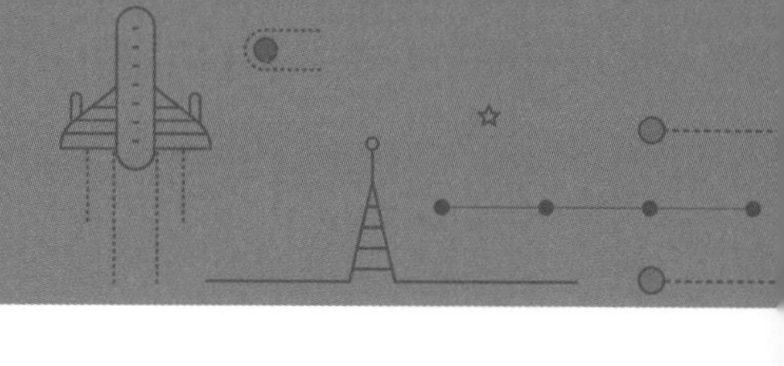

10 컴퓨팅 사고력

평가 영역	컴퓨팅 사고력
사고 영역	코딩과 프로그래밍

모범답안

106개

풀 이

1번부터 100번까지의 사물함과 101번부터 200번까지의 사물함을 나누어서 생각한다.

(ⅰ) 1번부터 100번까지의 사물함의 경우

처음 모든 사물함이 닫혀 있었으므로 약수의 개수가 홀수 개인 번호만 열려 있다. 따라서 열려 있는 사물함은 1, 4, 9, 16, 25, 36, 49, 64, 81, 100번이다.

즉, 열려 있는 사물함의 개수는 10개이다.

(ⅱ) 101번부터 200번까지의 사물함의 경우

사람 수가 100명이므로 101번 이상의 번호의 사물함은 약수의 개수보다 1 작은 수만큼 문이 열리고 닫히게 된다. 처음 사물함이 닫혀 있었으므로 약수의 개수가 홀수 개인 번호는 짝수 번 열리고 닫히게 되어 닫혀 있게 되고, 약수의 개수가 짝수 개인 번호는 홀수 번 열리고 닫혀 열려 있게 된다. 따라서 약수의 개수가 홀수 개인 121, 144, 169, 196번을 제외한 나머지 사물함은 모두 열려있다.

즉, 열려 있는 사물함의 개수는 96개이다.

(ⅰ), (ⅱ)에서 구하는 사물함의 개수는 $10+96=106$(개)이다.

채점기준 요소별 채점

컴퓨팅 사고력(7점): 코딩과 프로그래밍

⋯› 열린 사물함의 수를 구하기 위해 1번부터 100번까지의 사물함과 101번부터 200번까지의 사물함을 나누어서 생각한 경우 점수를 부여한다.

⋯› 풀이 과정 없이 답만 구한 경우 점수를 부여하지 않는다.

채점기준	점수
사물함의 번호를 나누어 풀이 과정을 서술한 경우	2점
열린 사물함의 번호가 약수의 개수와 관련이 있음을 서술한 경우	2점
답을 바르게 구한 경우	3점

11 컴퓨팅 사고력

평가 영역	컴퓨팅 사고력
사고 영역	하드웨어와 소프트웨어

모범답안

1시간

풀 이

각 연산장치의 성능과 동영상 편집에 걸리는 시간은 반비례한다.
동영상 편집을 끝내는 것을 1로 가정하자.
각 연산장치를 단독으로 사용하는 경우 각 연산장치가 1시간 동안 작업하는 양을 나타내면 다음과 같다.

A: $\frac{1}{2}$, B: $\frac{1}{3}$, C: $\frac{1}{6}$

3개의 장치를 통합하여 작업을 진행할 경우 1시간 동안 작업하는 양은

$\frac{1}{2}+\frac{1}{3}+\frac{1}{6}=\frac{3}{6}+\frac{2}{6}+\frac{1}{6}=\frac{6}{6}=1$이다.

따라서 태훈이가 가지고 있는 3개의 연산장치를 통합해 동영상 편집을 끝내는 데 필요한 시간은 1시간이다.

채점기준 요소별 채점

컴퓨팅 사고력(7점): 하드웨어
⋯▸ 각 연산장치가 1시간 동안 작업하는 양을 각각 구한 경우 점수를 부여한다.

채점기준	점수
각 연산장치가 1시간 동안 작업하는 양을 서술한 경우	4점
걸리는 시간을 바르게 구한 경우	3점

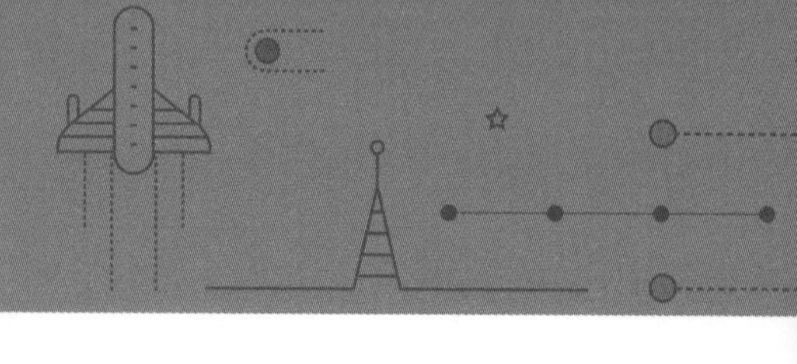

12 컴퓨팅 사고력

평가 영역	컴퓨팅 사고력
사고 영역	자료와 데이터

모범답안

키가 큰 순서	1	2	3	4	5	6	7	8	9	10
학생	D	G	I	B	E	A	F	H	J	C

해 설

주어진 표에 따라 키의 순서를 정해보면 J가 마지막에 있으므로 뒤에 자신보다 작은 사람은 없다. I가 뒤를 보니 J가 있고 자신보다 작은 사람이 1명이므로 I는 J보다 크다. H가 뒤를 보니 J, I가 있는데 자기보다 작은 사람이 1명뿐이므로 세 사람의 키순서는 I>H>J이다.
이와 같이 가장 키가 작은 학생들부터 학생들의 키를 그래프로 나타내면 다음 그림과 같다.

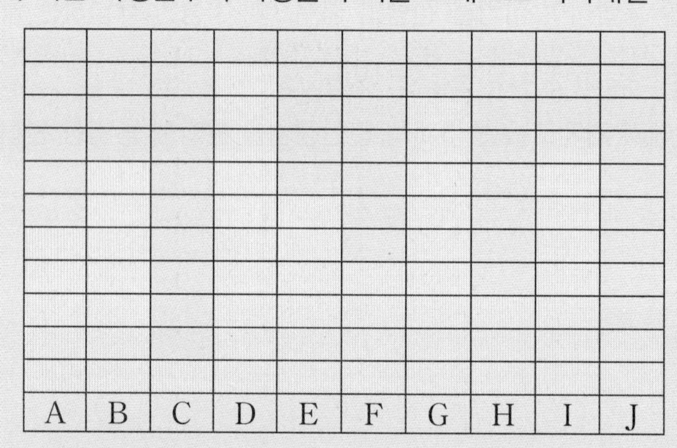

따라서 키가 큰 순서대로 나열하면 D>G>I>B>E>A>F>H>J>C이다.

채점기준 요소별 채점

컴퓨팅 사고력(7점): 자료의 배열
⋯› 표를 바르게 완성한 경우에만 점수를 부여한다.

채점기준	점수
표를 바르게 완성한 경우	7점

13 컴퓨팅 사고력

평가 영역	컴퓨팅 사고력
사고 영역	자료 구조

모범답안

	A	B	C	D	E	F
알파벳에 해당되는 숫자	6	5	2	3	4	1

해 설

각 노드에 연결된 선분의 개수를 기준으로 같은 조건의 알파벳과 숫자를 찾을 수 있다.
하나만 연결된 것은 F와 1이므로 F는 1이다.
그 다음 연결된 것은 F−A, 1−6이므로 A는 6이다.
A에 연결된 B와 6에 연결된 5는 똑같이 두 군데만 연결되어 있으므로 B는 5이다.
그 다음 B에 연결된 것은 E이고, 5에 연결된 것은 4이므로 E는 4이다.
A에 연결된 D와 6에 연결된 3은 같은 형태이므로 D는 3이다.
D, E와 삼각형을 이루는 것은 C이고, 3, 4와 삼각형을 이루는 것은 2이므로 C는 2이다.
따라서 A는 6, B는 5, C는 2, D는 3, E는 4, F는 1이다.

채점기준 총체적 채점

컴퓨팅 사고력(7점): 자료 구조
⋯› 알파벳과 숫자가 바르게 연결된 것의 개수를 세어 점수를 부여한다.

채점기준	점수
1~2개를 바르게 연결한 경우	1점
3개를 바르게 연결한 경우	3점
4개를 바르게 연결한 경우	5점
모두 바르게 연결한 경우	7점

14 융합 사고력

평가 영역	융합 사고력
사고 영역	문제 파악 능력, 문제 해결 능력

(1)

모범답안

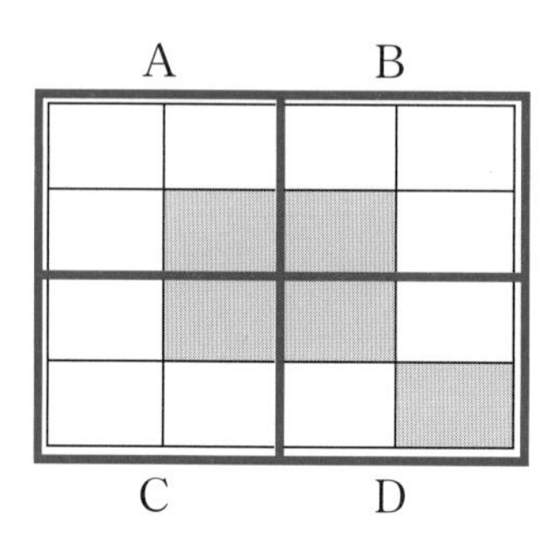

압축문자	wwwbwwbwwbwwbwwb

해 설

4×4 픽셀의 이미지를 위와 같이 A, B, C, D의 네 부분으로 나누고 각 부분의 왼쪽 위의 칸부터 순서대로 각 칸의 색을 알파벳으로 나타낸다.

채점기준 요소별 채점

문제 파악 능력(3점)

⋯› 압축문자가 정확하게 서술된 경우 점수를 부여한다.

채점기준	점수
압축문자를 바르게 나타낸 경우	3점

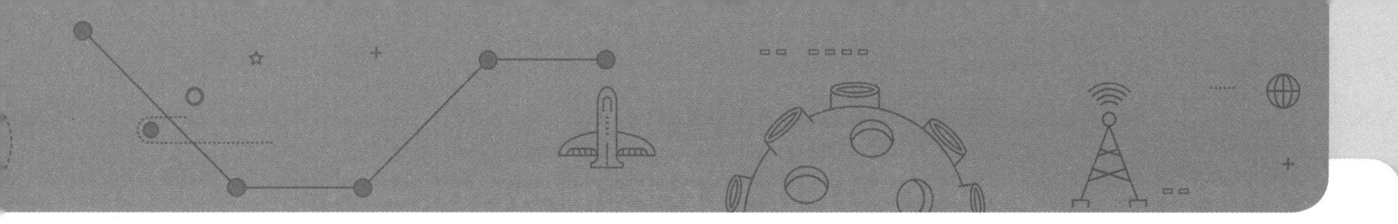

(2)

모범답안

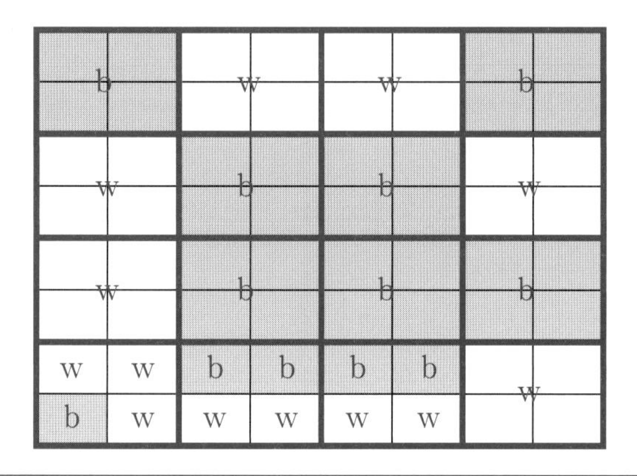

압축문자	bwwbwbbwwbwwbwbbwwbbbbwww

해 설

위와 같이 나누어진 각 영역에 해당하는 압축문자를 써놓고, 왼쪽 위의 칸부터 순서대로 나열하면 쉽게 압축문자로 나타낼 수 있다.

채점기준 요소별 채점

문제 해결 능력(5점)

⋯› 압축문자가 정확하게 서술된 경우 점수를 부여한다.

채점기준	점수
압축문자를 바르게 나타낸 경우	5점

SW 정보영재 평가가이드

문항 구성 및 채점표

평가 영역 / 문항	창의성	이산수학	컴퓨팅 사고력	융합 사고력	
	유창성			문제 파악 능력	문제 해결 능력
1	점				
2		점			
3		점			
4		점			
5		점			
6		점			
7				점	점
8			점		
9			점		
10			점		
11			점		
12			점		
13			점		
14				점	점

평가 영역별 점수	창의성	이산수학	컴퓨팅 사고력	문제 파악 능력	문제 해결 능력
	/ 7점	/ 35점	/ 42점		
				융합 사고력	
				/ 16점	
			총점	점	

평가결과에 대한 학습 방향

영역	점수	학습 방향
창의성	6점 이상	흔하지 않은 독창적인 아이디어를 찾는 연습을 하세요.
	6점 미만	더욱 다양한 아이디어를 찾는 연습을 하세요.
이산수학	27점 이상	다양한 문제를 접해 실력을 다지세요.
	27점 미만	틀린 문제와 관련된 개념을 확인하고 답안을 작성하는 연습을 하세요.
컴퓨팅 사고력	35점 이상	프로그래밍 언어나 자신의 관심 분야에 더 집중해 보세요.
	35점 미만	틀린 문제를 바탕으로 약한 분야에 대한 내용을 공부하세요.
융합 사고력	13점 이상	다양한 아이디어나 자신의 생각을 답안으로 정리해 보세요.
	13점 미만	문제의 의도나 자료를 꼼꼼하게 살펴보고 답안을 작성하는 연습을 하세요.

01 일반 창의성

평가 영역	일반 창의성
사고 영역	유창성

예시답안

- 저울로 사과의 무게를 비교한다.
- 사과를 잘라 사과의 지름을 비교한다.
- 사과의 둘레의 길이를 측정해 비교한다.
- 평평한 곳에 사과를 올려두고 높이를 비교한다.
- 물이 가득 담긴 그릇에 사과를 넣고 넘친 물의 양을 비교한다.
- 작은 사과만 통과할 수 있는 채를 만들어 큰 사과를 골라낸다.

채점기준 총체적 채점

유창성(7점): 적절한 아이디어의 수
⋯› 사과의 크기를 비교할 수 있는 적절한 아이디어는 정답으로 인정한다.
⋯› 같은 아이디어라고 여겨지는 경우 1개의 아이디어로 평가한다.
⋯› 적절한 아이디어라고 여겨지는 것의 수를 세어 다음 기준에 따라 점수를 부여한다.

아이디어의 수	점수
1개	1점
2개	2점
3개	3점
4개	5점
5개	7점

02 이산수학

평가 영역	이산수학
사고 영역	확률과 통계

모범답안

30가지

풀 이

꼭짓점 A와 꼭짓점 B를 최단거리로 연결하는 경우를 찾는 것이 아님에 주의한다.

지나가는 모서리의 개수에 따라 나누어서 생각한다. 이때, 짝수 개의 모서리를 지나서는 꼭짓점 A에서 꼭짓점 B로 갈 수 없다.

(i) 모서리 3개를 지나는 방법

꼭짓점 A에서 꼭짓점 ㄱ, ㄴ, ㄹ로 가면 각각 2가지 방법으로 꼭짓점 B에 갈 수 있으므로 모든 방법의 수는 $2+2+2=2\times3=6$(가지)이다.

(ii) 모서리 5개를 지나는 방법

꼭짓점 A에서 꼭짓점 ㄹ을 거쳐 꼭짓점 ㅁ이나 ㅂ에 가서 다시 모서리 3개를 지나는 방법은 각각 1가지씩이다. 이때 꼭짓점 A에서 꼭짓점 ㄱ, ㄴ, ㄹ로 각각 갈 수 있으므로 모든 방법의 수는 $2\times3=6$(가지)이다.

(iii) 모서리 7개를 지나는 방법

먼저 A→ㄹ→ㅂ→ㄴ에서 모서리 4개를 더 지나는 방법은 ㄴ→ㄷ→ㄱ→ㅁ→B, ㄴ→A→ㄱ→ㅁ→B, ㄴ→A→ㄱ→ㄷ→B의 3가지이다. 한편, A→ㄹ→ㅁ→ㄱ의 경우도 마찬가지로 3가지이므로 A→ㄹ의 경우 모두 6가지가 생긴다. 이때 꼭짓점 A에서 꼭짓점 ㄱ, ㄴ, ㄹ로 각각 갈 수 있으므로 모든 방법의 수는 $6\times3=18$(가지)이다.

(iv) 모서리 9개를 지나는 방법은 없다.

따라서 가능한 방법의 수는 $6+6+18=30$(가지)이다.

채점기준 요소별 채점

이산수학(7점): 확률과 통계

⋯▸ 풀이 과정 없이 답만 서술한 경우 점수를 부여하지 않는다.

채점기준	점수
답을 구하는 과정을 적절히 서술한 경우	4점
답을 바르게 구한 경우	3점

03 이산수학

평가 영역	이산수학
사고 영역	확률과 통계

모범답안

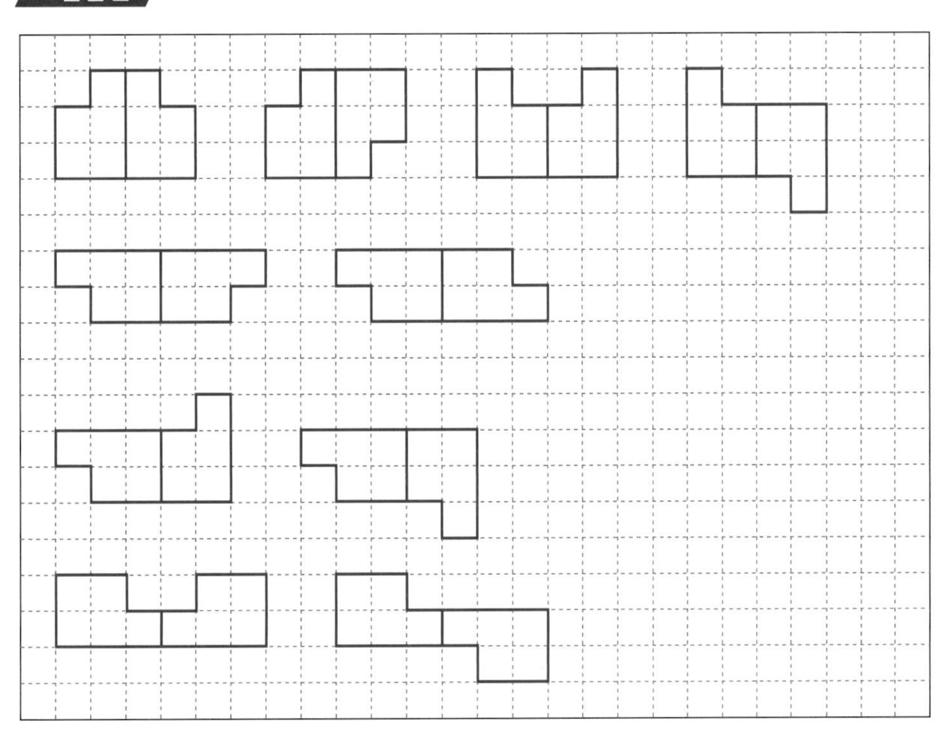

채점기준 총체적 채점

이산수학(7점): 확률과 통계

⋯→ 가능한 경우를 바르게 그린 경우 개수에 따라 점수를 부여한다.

채점기준	점수
가능한 경우를 7가지 그린 경우	1점
가능한 경우를 8가지 그린 경우	3점
가능한 경우를 9가지 그린 경우	5점
가능한 경우를 10가지 그린 경우	7점

04 이산수학

평가 영역	이산수학
사고 영역	효율적인 경로와 그래프

모범답안

3칸

이 유

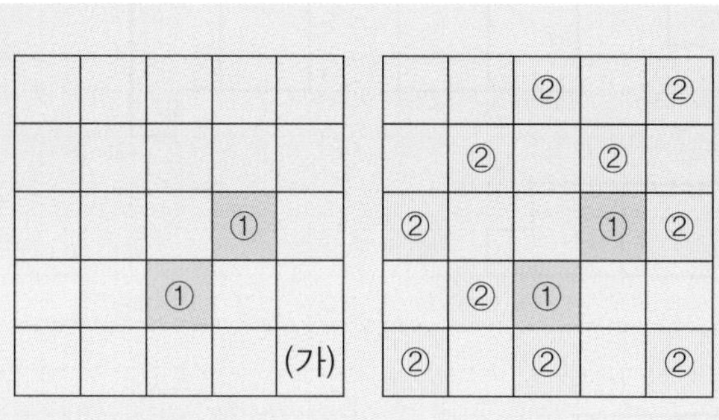

① 나이트가 1번 이동해서 갈 수 있는 칸: 2칸

② 나이트가 2번 이동해서 갈 수 있는 칸: 10칸

③ 나이트가 3번 이동해서 갈 수 있는 칸: 12칸

이 중 3번 이동해서 갈 수 있는 칸과 1번 이동해서 갈 수 있는 칸은 중복이므로 뺀다.

즉, 나이트가 3번 이동했을 때 갈 수 있는 칸은 $2+10+12-2=22$(칸)이다.

따라서 나이트가 3번 이동하여 한 번도 도착할 수 없는 칸은 $25-22=3$(칸)이다.

채점기준 요소별 채점

이산수학(7점): 효율적인 경로

⋯› 풀이 과정을 그림으로 표현할 때, 나이트의 움직임에 따라 도착 가능한 위치를 바르게 표현한 경우 점수를 부여한다.

⋯› 풀이 과정 없이 답만 서술한 경우 점수를 부여하지 않는다.

채점기준	점수
나이트의 움직임에 따라 도착 가능한 위치를 표현하거나 구한 경우	4점
답을 바르게 구한 경우	3점

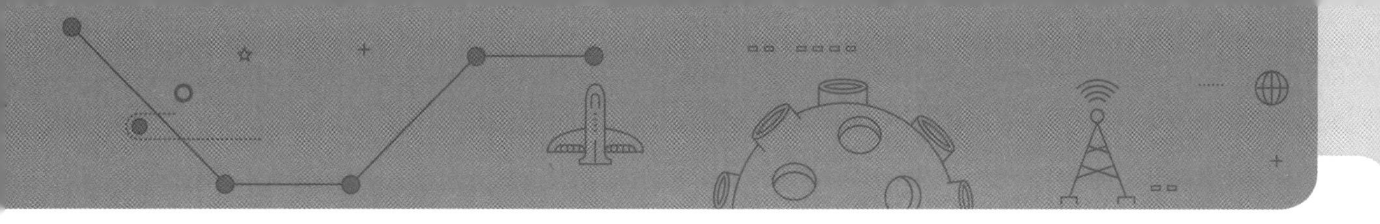

05 이산수학

평가 영역	이산수학
사고 영역	규칙성

모범답안

가: 7, 나: 5

풀 이

연산 ◎는 앞의 수에 7배 한 후에 뒤의 수를 더한 것이다.

(가◎13)◎5=(7×가+13)◎5=49×가+91+5=439이므로

49×가=439−96=343

가=7이다.

연산 △는 앞의 수에 5배 한 후에 뒤의 수를 더한 것이다.

(나△12)△7=(5×나+12)△7=25×나+60+7=192이므로

25×나=192−67=125

나=5이다.

채점기준 요소별 채점

이산수학(7점): 규칙성

⋯› 연산 ◎와 △의 계산 규칙을 풀이 과정으로 서술한 경우 점수를 부여한다.

⋯› 연산 ◎와 △의 계산 규칙을 각각 평가하여 점수를 부여한다.

채점기준	점수
연산 ◎의 계산 규칙을 바르게 서술한 경우	2점
연산 △의 계산 규칙을 바르게 서술한 경우	2점
가, 나의 값을 바르게 구한 경우	3점

06 이산수학

평가 영역	이산수학
사고 영역	논리

모범답안 ㉠: 5, ㉡: 2, ㉢: 5, ㉣: 2

풀 이

모든 팀은 4경기씩 치르게 되고, 가 팀과 라 팀이 얻은 점수의 합이 각각 17점이므로 가 팀과 라 팀은 3승 1패가 되어야 한다. 가 팀은 나, 다, 마 팀에 이기고 라 팀에 져서 17점을 얻었다.
나 팀이 얻은 점수의 합이 14점이므로 나 팀은 2승 2패가 되어야 한다. 나 팀은 가 팀과 다 팀에 졌으므로 14점을 얻으려면 라 팀과 마 팀을 이겨야 한다.
다 팀은 가 팀에 지고 나 팀을 이겨 7점을 얻었으므로 11점을 얻기 위해서는 라 팀과 마 팀에 져야 한다.
라 팀은 가 팀과 다 팀을 이기고, 나 팀에 졌으므로 마 팀을 이겨야 17점이 된다.
마 팀은 가 팀, 나 팀, 라 팀에 져야 하고, 다 팀에 이겨야 한다.
따라서 경기 결과를 표로 정리하면 다음과 같다.

팀 \ 팀	가	나	다	라	마	얻은 점수의 합
가		5	5	2	5	17
나	2		2	5	5	14
다	2	5		2	2	11
라	5	2	5		5	17
마	2	2	5	2		11

채점기준 요소별 채점

이산수학(7점): 논리
⋯› 표를 완성해 풀이 과정을 서술한 경우에 바른 풀이 과정으로 평가한다.
⋯› ㉠~㉣을 모두 바르게 구한 경우 점수를 부여한다.

채점기준	점수
풀이 과정을 적절히 서술한 경우	4점
㉠~㉣을 모두 바르게 구한 경우	3점

07 융합 사고력

평가 영역	융합 사고력
사고 영역	문제 파악 능력, 문제 해결 능력

(1)

모범답안

7

풀 이

간보기씨의 주민등록번호는 111015−313453□이다.

오류검증코드를 구하기 위해 표로 나타내면 다음과 같다.

1	1	1	0	1	5	3	1	3	4	5	3
×	×	×	×	×	×	×	×	×	×	×	×
2	3	4	5	6	7	8	9	2	3	4	5
↓	↓	↓	↓	↓	↓	↓	↓	↓	↓	↓	↓
2	3	4	0	6	35	24	9	6	12	20	15

$2+3+4+0+6+35+24+9+6+12+20+15=136$이므로

$136 \div 11 = 12 \cdots 4$

$11-4=7$

따라서 간보기씨의 주민등록번호의 오류검증코드는 7이다.

채점기준 요소별 채점

문제 파악 능력(3점)

⋯› 풀이 과정 없이 답만 서술한 경우 점수를 부여하지 않는다.

채점기준	점수
풀이 과정을 바르게 서술한 경우	2점
답을 바르게 구한 경우	1점

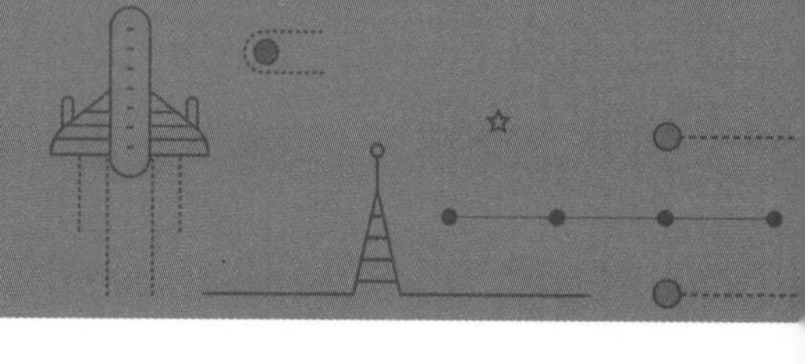

(2)

모범답안

김수현

풀 이

이하나

1	1	0	9	2	9	4	1	1	2	5	2	5
×	×	×	×	×	×	×	×	×	×	×	×	
2	3	4	5	6	7	8	9	2	3	4	5	
2	3	0	45	12	63	32	9	2	6	20	10	

총합은 204이므로 $204 \div 11 = 18 \cdots 6$에서 오류검증코드는 $11-6=5$이다.

김준원

1	1	1	1	2	5	3	1	0	2	4	2	6
×	×	×	×	×	×	×	×	×	×	×	×	
2	3	4	5	6	7	8	9	2	3	4	5	
2	3	4	5	12	35	24	9	0	6	16	10	

총합은 126이므로 $126 \div 11 = 11 \cdots 5$에서 오류검증코드는 $11-5=6$이다.

안소연

1	1	1	0	2	7	4	1	2	2	4	1	1
×	×	×	×	×	×	×	×	×	×	×	×	
2	3	4	5	6	7	8	9	2	3	4	5	
2	3	4	0	12	49	32	9	4	6	16	5	

총합은 142이므로 $142 \div 11 = 12 \cdots 10$에서 오류검증코드는 $11-10=1$이다.

김수현

1	1	0	5	2	6	3	1	0	2	4	5	3
×	×	×	×	×	×	×	×	×	×	×	×	
2	3	4	5	6	7	8	9	2	3	4	5	
2	3	0	25	12	42	24	9	0	6	16	25	

총합은 164이므로 $164 \div 11 = 14 \cdots 10$에서 오류검증코드는 $11-10=1$이다.

따라서 가짜 주민등록번호를 입력한 친구는 김수현이다.

채점기준 요소별 채점

문제 해결 능력(5점)

⋯› 모든 학생의 오류검증코드를 계산한 경우 올바른 풀이 과정으로 본다.

⋯› 풀이 과정 없이 답만 서술한 경우 점수를 부여하지 않는다.

채점기준	점수
풀이 과정을 바르게 서술한 경우	3점
답을 바르게 구한 경우	2점

08 컴퓨팅 사고력

평가 영역	컴퓨팅 사고력
사고 영역	순서도와 알고리즘

모범답안

A: 17개, B: 8개, C: 5개, D: 20개

풀 이

A는 짝수이면서 3의 배수가 아닌 수이므로
2, 4, 8, 10, 14, 16, 20, 22, 26, 28, 32, 34, 38, 40, 44, 46, 50의 17개이다.
B는 짝수이면서 3의 배수인 수이므로 6의 배수이다. 즉,
6, 12, 18, 24, 30, 36, 42, 48의 8개이다.
C는 홀수이면서 5의 배수인 수이므로
5, 15, 25, 35, 45의 5개이다.
D는 홀수이면서 5의 배수가 아닌 수이다. 이때 홀수는 모두 25개이고 5의 배수 5개를 빼면 20개가 남는다. 즉, 1, 3, 7, 9, 11, 13, 17, 19, 21, 23, 27, 29, 31, 33, 37, 39, 41, 43, 47, 49의 20개이다.

채점기준 요소별 채점

컴퓨팅 사고력(7점): 알고리즘
⋯› 풀이 과정에서 A~D까지 들어갈 수의 조건을 서술하지 않아도 가능한 경우를 바르게 구한 경우 점수를 부여한다.
⋯› 풀이 과정 없이 답만 서술한 경우 점수를 부여하지 않는다.

채점기준	점수
풀이 과정을 바르게 서술한 경우	4점
답을 바르게 구한 경우	3점

09 컴퓨팅 사고력

평가 영역	컴퓨팅 사고력
사고 영역	코딩과 프로그래밍

모범답안

48

풀 이

두 사람이 1개에서 3개까지의 자연수를 부를 수 있으므로 A가 1개의 수를 부르면 B가 3개의 수를, A가 2개의 수를 부르면 B가 2개의 수를, A가 3개의 수를 부르면 B는 1개의 수를 불러 두 사람이 부른 수의 개수의 합이 항상 4개가 되도록 한다. 이때 B가 반드시 이기기 위해 불러야 할 수는 4, 8, 12, 16, …과 같이 4의 배수이므로 50 이하의 4의 배수 중 가장 큰 수인 48이 N의 최댓값이다.

채점기준 요소별 채점

컴퓨팅 사고력(7점): 코딩과 프로그래밍

⋯▸ B가 반드시 이길 수 있는 방법을 서술한 경우 점수를 부여한다.

채점기준	점수
풀이 과정을 적절히 서술한 경우	4점
답을 바르게 구한 경우	3점

10 컴퓨팅 사고력

평가 영역	컴퓨팅 사고력
사고 영역	코딩과 프로그래밍

모범답안 ☾ : (18번), ☼: (15번), ♡ : (21번), ♣ : (18번)

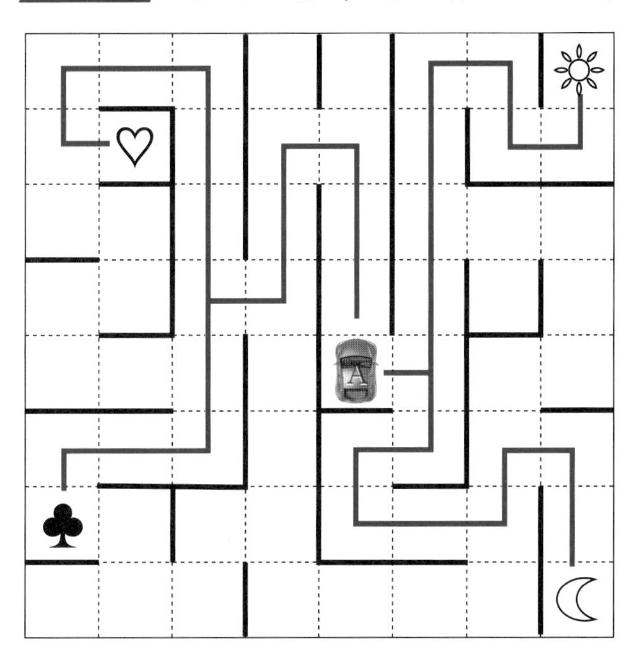

해 설

각 목적지로 출발하는 출발점은 모두 같다.

☾: ▶▲▶▲▶▲◀▲◀▲▲◀▲▶▲▶▲▲의 18번

☼: ▶▲◀▲▲▲▲▶▲▶▲◀▲◀▲의 15번

♡: ▲▲▲◀▲◀▲▲▶▲▶▲▲▲◀▲▲◀▲◀▲의 21번

♣: ▲▲▲◀▲◀▲▲▶▲◀▲▲▶▲▲◀▲의 18번

채점기준 요소별 채점

컴퓨팅 사고력(7점): 코딩과 프로그래밍

⋯› 지도에 각 목적지에 도달하는 가장 빠른 경로가 바르게 표시된 경우 점수를 부여한다.

채점기준	점수
가장 빠른 경로가 바르게 표시된 경우	4점
답을 바르게 구한 경우	3점

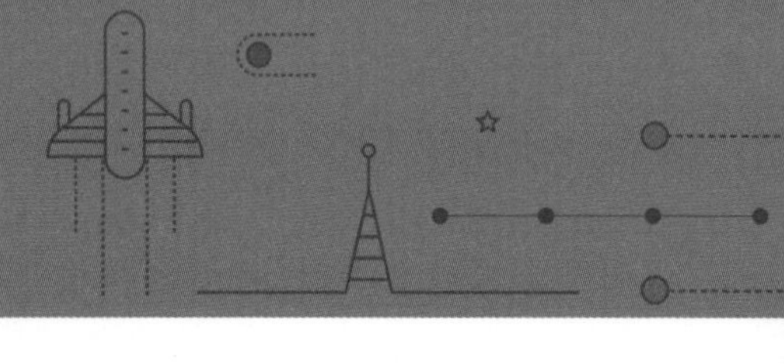

11 컴퓨팅 사고력

평가 영역	컴퓨팅 사고력
사고 영역	하드웨어와 소프트웨어

예시답안

8개

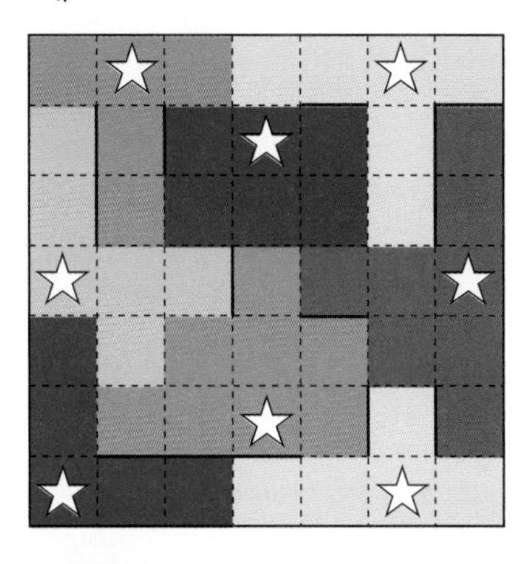

풀 이

벽으로 막힌 부분을 빠짐없이 감지할 수 있도록 소리감지센서를 배열하도록 한다.

채점기준 요소별 채점

컴퓨팅 사고력(7점): 하드웨어

- 예시답안과 다르더라도 8개의 소리감지센서를 배열해 모든 영역의 소리를 감지할 수 있는 경우 소리감지센서의 위치를 바르게 표시한 것으로 본다.
- 소리감지센서 표시 없이 답만 서술한 경우 점수를 부여하지 않는다.

채점기준	점수
소리감지센서를 바르게 표시한 경우	4점
답을 바르게 구한 경우	3점

12 컴퓨팅 사고력

평가 영역	컴퓨팅 사고력
사고 영역	자료와 데이터

모범답안

섬의 개수: 5, 섬의 면적의 합: 20

3	2	1	2	1	3	1
3	2	5	1	3	4	1
1	2	1	2	2	2	2
4	5	6	1	3	3	3
2	3	5	1	7	4	1
3	1	1	2	1	3	1
2	2	3	4	2	3	3

풀 이

총 49개의 수로 생성된 높이 데이터는 7×7 형태의 정사각형 모양으로 배열해 섬의 개수와 모든 섬의 면적을 확인할 수 있다.
따라서 섬의 개수는 5개이고, 모든 섬의 면적은 $1+3+6+8+2=20$이다.

채점기준 요소별 채점

컴퓨팅 사고력(7점): 자료의 배열
⋯› 높이 데이터를 정사각형으로 바르게 배열하였지만 섬의 개수와 면적의 합을 바르게 구하지 못한 경우 감점한다.

채점기준	점수
섬의 개수를 바르게 구한 경우	2점
섬의 면적의 합을 바르게 구한 경우	2점
높이 데이터를 정사각형 모양으로 바르게 배열한 경우	3점

13 컴퓨팅 사고력

평가 영역	컴퓨팅 사고력
사고 영역	정보보안과 정보윤리

예시답안

찬성
- 인터넷 중독, 폭력성 증가, 사회성 결여 등과 같은 결핍의 문제로부터 발단 단계에 있는 아동이나 청소년들을 보호해 줄 수 있다고 생각한다.
- 16세 미만의 어린 청소년은 성인에 비해 스스로를 통제할 수 있는 능력이 부족하므로 법으로 늦은 시간에 게임을 하지 못하게 하는 것은 적절하다고 생각한다.
- 대부분의 청소년은 다음날 아침 학교에 가야하는데 늦은 시간까지 게임을 하는 것은 학교생활에 지장을 줄 수 있으므로 늦게까지 게임을 하지 못하도록 하는 것은 적절하다.

반대
- 성인 인증을 위해 다른 사람의 개인정보를 훔치고 도용하는 경우가 생길 수 있다.
- 다른 사람의 도움이나 성인의 정보를 활용해 성인 인증을 할 경우 막을 방법이 없다.
- 게임중독에 빠진 성인도 많기 때문에 나이가 어리다는 이유로 게임을 못하게 하는 것은 공평하지 못하다.

채점기준 총체적 채점

컴퓨팅 사고력(7점): 정보보안

⋯› 찬성 또는 반대의 입장을 정한 경우 점수를 부여한다.

⋯› 자신의 주장에 대한 논리적인 근거라고 평가되는 경우 점수를 부여한다.

채점기준	점수
찬성 또는 반대의 입장을 정한 경우	1점
자신의 주장에 대한 타당한 근거를 1가지 서술한 경우	4점
자신의 주장에 대한 타당한 근거를 2가지 서술한 경우	7점

14 융합 사고력

평가 영역	융합 사고력
사고 영역	문제 파악 능력, 문제 해결 능력

(1)

모범답안

① 공을 넣는 순서: A, B, C, D

② 공을 꺼내는 순서: D, C, B, A

해 설

공을 꺼내고 넣는 입구가 하나 밖에 없으므로 공을 넣는 순서와 꺼내는 순서는 반대가 된다. 이때 가장 늦게 들어간 공 D가 가장 빨리 나오게 되고, 가장 먼저 들어간 공 A는 가장 늦게 나오게 된다.

채점기준 요소별 채점

문제 파악 능력(3점)

채점기준	점수
답을 바르게 구한 경우	3점

(2)

모범답안

B, C, A, D

해 설

푸시(Push)와 팝(Pop) 명령어를 순서대로 실행한 결과는 다음과 같다.

순서	명령	상태	팝이 된 공
❶	Push	A	
❷	Push	B A	
❸	Pop	A	B
❹	Push	C A	
❺	Pop	A	C
❻	Pop		A
❼	Push	D	
❽	Pop		D

따라서 팝이 되는 공의 순서는 B, C, A, D이다.

채점기준 요소별 채점

문제 해결 능력(5점)

채점기준	점수
답을 바르게 구한 경우	5점

좋은 책을 만드는 길, 독자님과 함께 하겠습니다.

SW 정보 영재 영재성검사 창의적 문제해결력 모의고사 (초등 5~중등 1학년)

개정2판1쇄 발행	2023년 07월 10일 (인쇄 2023년 05월 23일)
초 판 발 행	2020년 09월 03일 (인쇄 2020년 07월 17일)
발 행 인	박영일
책 임 편 집	이해욱
편 저	안쌤 영재교육연구소
편 집 진 행	이미림
표지디자인	박수영
편집디자인	곽은슬 · 홍영란
발 행 처	(주)시대교육
공 급 처	(주)시대고시기획
출 판 등 록	제10-1521호
주 소	서울시 마포구 큰우물로 75 [도화동 538 성지 B/D] 9F
전 화	1600-3600
팩 스	02-701-8823
홈 페 이 지	www.sdedu.co.kr
I S B N	979-11-383-5318-2 (63400)
정 가	17,000원

4차 산업혁명이 대두되면서 신기술, 빅데이터, 로봇, 인공지능과 같은 정보통신기술에 기반을 둔 IT 분야가 인간의 삶을 바꿔놓고 있습니다. 기술의 원리를 파악하고 일상 속에서 잘 사용하기 위해서는 소프트웨어 산업 기반의 창의력, 문제해결능력, 논리적 사고력이 요구됩니다. 이를 키우기 위한 기초 지식인 수학, 과학, 소프트웨어를 학습하며 기본기를 탄탄하게 다져야 응용 및 개발을 할 수 있는 능력을 키울 수 있습니다. 「**SW 정보영재 영재성검사 창의적 문제해결력 모의고사**」는 로봇, 소프트웨어, 정보통신 분야로 진출하고자 하는 학생들의 꿈을 이루는 데 학습 도우미가 될 것입니다.

에듀테크 코딩 로봇 리더 ***(주)럭스로보***

소프트웨어 정보영재 선발에서 가장 중요하게 평가하는 치밀한 논리적 사고력에 대한 부분을 잘 지도하고 있는 교재라고 생각한다. 특히, 컴퓨팅 사고력 교육에 가장 핵심인 문제해결능력과 연관된 이산수학, 알고리즘에 관련된 다양한 문제를 제시하여 융합적 사고를 위한 교육에 잘 접목할 수 있다.

코듀크리에이티브 대표 ***문태선***

4차 산업혁명 시대를 이끌어 갈 소프트웨어 정보영재들을 위한 책, 단순한 코딩 스킬이 아닌 컴퓨팅 사고력 함양을 위한 자습서!
미래 세상을 변화시킬 인공지능(AI)과 코딩에 관심 있는 학생들, 과학 영재교육원을 준비하고 있는 학생들, SW 대회를 준비하고 있는 학생들, 융합적 사고력을 키우고 싶은 학생들에게 추천합니다.
디지털 시대로 앞서가는 대한민국, 세계의 주역이 될 소프트웨어 영재들,
「**SW 정보영재 영재성검사 창의적 문제해결력 모의고사**」로 준비해서 SW 대회에 도전해 보세요.

크로보스 대표 ***현바오로***

안쌤 영재교육연구소는 우리나라 영재교육원 준비에 있어서는 이미 입증된 최고의 강자입니다. 「**SW 정보영재 영재성검사 창의적 문제해결력 모의고사**」까지 추가되면서 그동안 쌓아온 탄탄한 교재 라인업이 더욱 견고해졌습니다. 아울러 이 책은 정보 관련 영재교육원이나 대회를 준비하는 학생들에게는 등대 같은 책이 될 것입니다.

코딩온 대표 ***원태경***

수학이 쑥쑥! 코딩이 척척! 초등코딩 수학 사고력 시리즈

3

- 초등 SW 교육과정 완벽 반영
- 수학을 기반으로 한 SW 융합 학습서
- 초등 컴퓨팅 사고력+수학 사고력 동시 향상
- 초등 1~6학년, 영재교육원 대비

4

안쌤의 수·과학 융합 특강

- 초등 교과와 연계된 24가지 주제 수록
- 수학사고력+과학탐구력+융합사고력 동시 향상

5

안쌤의 신박한 과학 탐구보고서 시리즈

- 모든 실험 영상 QR 수록
- 한 가지 주제에 대한 다양한 탐구보고서

영재성검사 창의적 문제해결력 모의고사 시리즈

6

- 영재교육원 기출문제
- 영재성검사 모의고사 4회분
- 초등 3~6학년, 중등

SD에듀만의 영재교육원 면접 SOLUTION

영재교육원 AI 면접 온라인 프로그램 무료 체험 쿠폰

도서를 구매한 분들께 드리는
특별한 혜택

쿠폰번호
TCP - 43993 - 16533
유효기간 : ~2024년 06월 30일

01 도서의 쿠폰번호를 확인합니다.
02 WIN시대로[**https://www.winsidaero.com**]에 접속합니다.
03 홈페이지 오른쪽 상단 영재교육원 **AI 면접 배너**를 클릭합니다.
04 회원가입 후 로그인하여 [**쿠폰 등록**]을 클릭합니다.
05 쿠폰번호를 정확히 입력합니다.
06 쿠폰 등록을 완료한 후, [**주문 내역**]에서 이용권을 사용하여 면접을 실시합니다.

※ 무료쿠폰으로 응시한 면접에는 별도의 리포트가 제공되지 않습니다.

영재교육원 AI 면접 온라인 프로그램

01 WIN시대로[**https://www.winsidaero.com**]에 접속합니다.
02 홈페이지 오른쪽 상단 영재교육원 **AI 면접 배너**를 클릭합니다.
03 회원가입 후 로그인하여 [**상품 목록**]을 클릭합니다.
04 학습자에게 꼭 맞는 다양한 상품을 확인할 수 있습니다.

KakaoTalk **안쌤 영재교육연구소**

안쌤 영재교육연구소에서 준비한 더 많은 면접 대비 상품(동영상 강의 & 1:1 면접 온라인 컨설팅)을 만나고 싶다면 안쌤 영재교육연구소 카카오톡에 상담해 보세요.